Dieter Eh | Heinrich Krahn

Konstruktionsfibel SolidWorks 2008

Dieter Eh | Heinrich Krahn

Konstruktionsfibel SolidWorks 2008

Dieter Eh | Heinrich Krahn

Konstruktionsfibel SolidWorks 2008

Beispiele aus dem Maschinen- und Vorrichtungsbau

STUDIUM

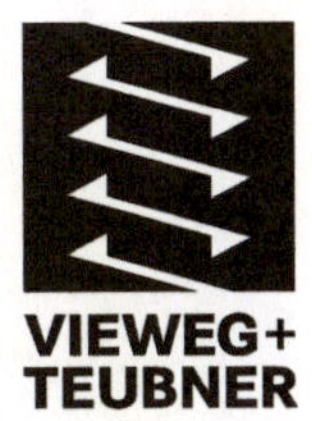

VIEWEG+
TEUBNER

Bibliografische Information der Deutschen Nationalbibliothek
Die Deutsche Nationalbibliothek verzeichnet diese Publikation in der
Deutschen Nationalbibliografie; detaillierte bibliografische Daten sind im Internet über
<http://dnb.d-nb.de> abrufbar.

1. Auflage 2008

Lektorat: Thomas Zipsner | Imke Zander

Vieweg+Teubner ist Teil der Fachverlagsgruppe Springer Science+Business Media.
www.viewegteubner.de

Umschlaggestaltung: KünkelLopka Medienentwicklung, Heidelberg
Technische Redaktion: Stefan Kreickenbaum, Wiesbaden
Druck und buchbinderische Verarbeitung: Wilhelm & Adam, Heusenstamm
Gedruckt auf säurefreiem und chlorfrei gebleichtem Papier.
Printed in Germany
Additional material to this book can be downloaded from http://extras.springer.com
ISBN 978-3-8348-0519-5

Vorwort

Dieses Fachbuch gibt dem Einsteiger einen anschaulichen Einblick in den Umgang mit Solid-Works. Dazu wird ein Niederzugspanner Schritt für Schritt vorgestellt, um dem Einsteiger die Möglichkeit zu geben, den Umgang (Befehle usw.) mit SolidWorks sicher zu erlernen.

Zum Ablauf: Die Durchführung jedes Befehls ist bildlich dargestellt, so dass der Leser jeden Arbeitsschritt gut nachvollziehen kann. Die Bilder auf den nachfolgenden Seiten sind zum Teil Ausschnitte des Bildschirms, damit sich der Leser auf das Wesentliche konzentrieren kann.

Dieses Buch ist für Einsteiger und Anwender erstellt und basiert auf SolidWorks Student-Edition 2008.

Danksagung

Unser Dank gilt dem Lektor Herrn Thomas Zipsner vom Vieweg+Teubner Verlag für die Chance, dieses Buch auf den Weg zu bringen sowie dem Team Vieweg+Teubner Technik für die tatkräftige Unterstützung.

Bad Wildungen, Baunatal, im Juli 2008   Dieter Eh, Heinrich Krahn

Inhaltsverzeichnis

Einführung

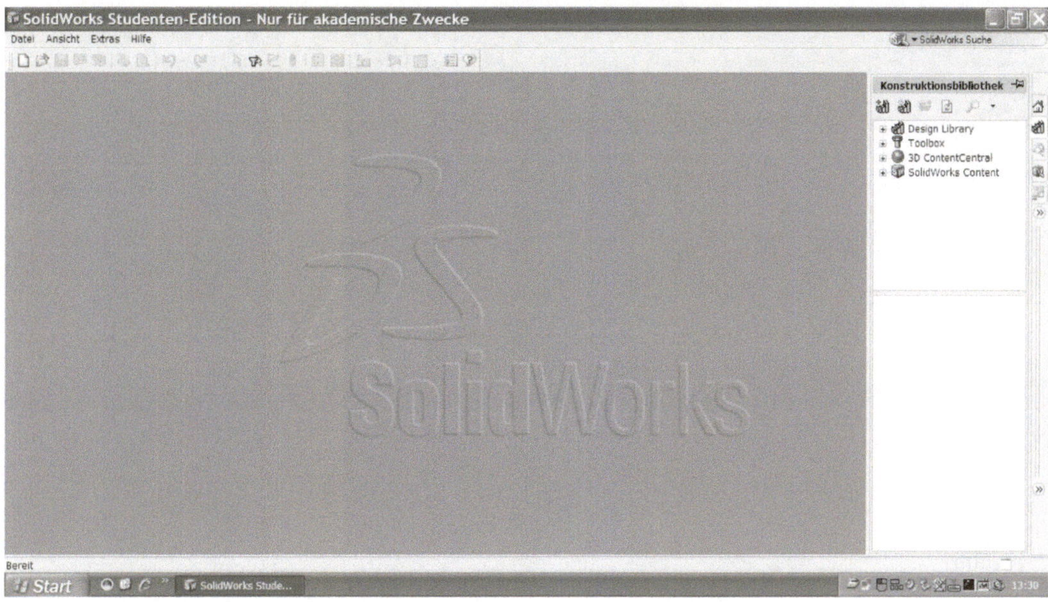

Bild 1

Wenn Sie SolidWorks zum ersten Mal starten, wird kein Dokument geladen. Das Menü zeigt lediglich die vier Punkte Datei, Ansicht, Extras und Hilfe an. Einzige Symbolleiste ist die Standardleiste (wie in Bild 1 gezeigt).

Um in die Konstruktionsumgebung SolidWorks zu gelangen:

Klicken Sie mit der linken Maustaste auf „Neu", wie in Bild 2 gezeigt. Es erscheint Bild 3.

Bild 2

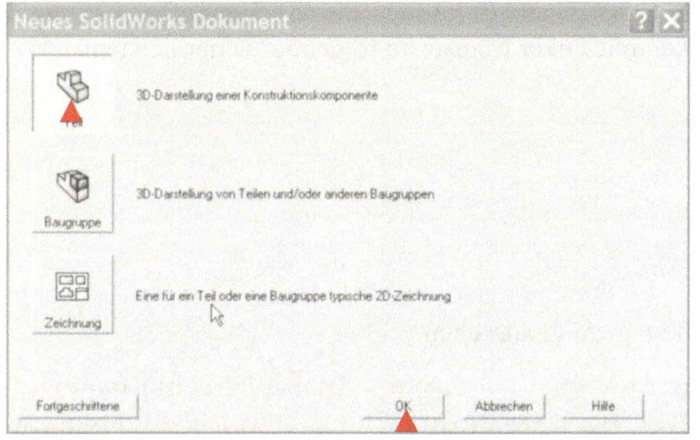

In Bild 3 mit linker Maustaste auf „Teil", dann auf „OK" klicken, es erscheint die Konstruktionsumgebung, Bild 4.

Bild 3

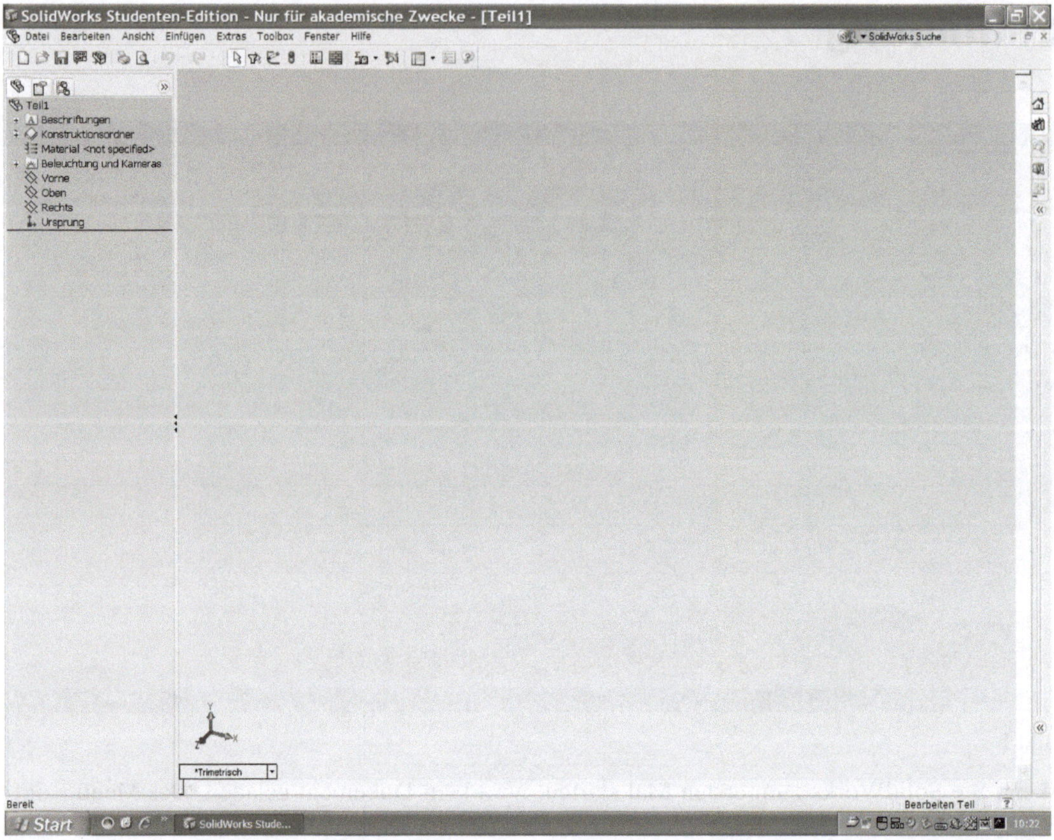

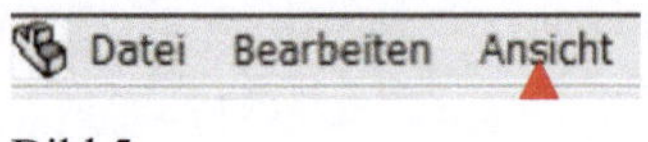

Bild 4

Die für das Konstruieren wichtigen Symbolleisten werden wie folgt in die Konstruktionsumgebung von SolidWorks gebracht.

Mit linker Maustaste Klick auf „Ansicht" wie in Bild 5 gezeigt, es erscheint das Popup-Menü von Ansicht.

Bild 5

In dem Popup-Menü fahren Sie mit dem Mauszeiger nach unten bis auf Symbolleisten, dann nach rechts und aktivieren durch Anklicken mit linker Maustaste folgende Symbolleisten:

- BefehlsManager
- Beschriftung
- Bemaßungen/Beziehungen
- Standardansichten
- Ansicht.

Der Bildschirm müsste danach wie in Bild 6 gezeigt aussehen.

Hinweis: Die Bilder, die hier gezeigt werden, sind auf einem 19-Zoll-Bildschirm mit einer Auflösung von 1280 x 1024 Pixeln erstellt. Bei anderen Bildschirmgrößen und Auflösungen kann das Bild anders aussehen.

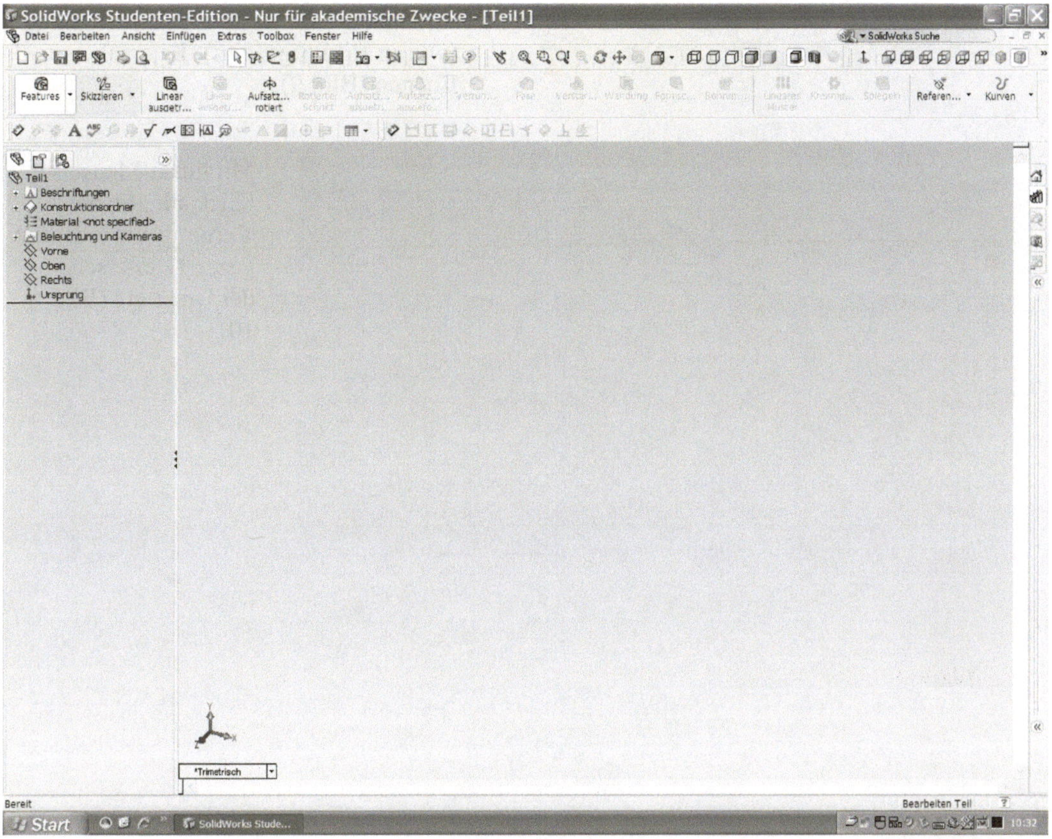

Bild 6

Sollten die Symbolleisten nicht wie oben angezeigt angeordnet sein, sondern sich mitten auf dem Bildschirm befinden, so sollten diese nach oben, nach links und nach rechts mit dem Mauszeiger gezogen werden, damit die Fläche zum Zeichnen so groß wie möglich wird.

Wann und wie die Schaltflächen auf den Symbolleisten betätigt werden, erfahren Sie beim Konstruieren.

Jetzt ist die Fläche zum Konstruieren fertig und es kann mit dem Konstruieren begonnen werden.

Wie dies durchgeführt wird, zeigen die folgenden Seiten.

Skizze erstellen

Mit linker Maustaste Klick auf „Skizzieren" (wie in Bild 7 gezeigt). Es erscheint die Symbolleiste Skizzieren (Bild 8).

Bild 7

Mit linker Maustaste Klick auf „Linie" (wie in Bild 8 gezeigt). Es erscheinen 3 Ebenen (Bild 9).

Bild 8

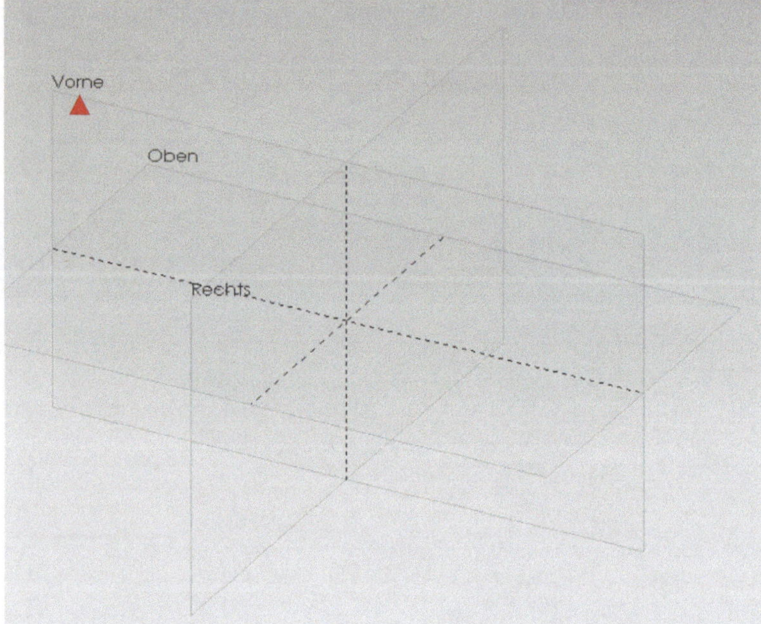

Mit linker Maustaste Klick auf „Ebene Vorne", (wie in Bild 9 gezeigt), es erscheint der Ursprung (Bild 10).

Bild 9

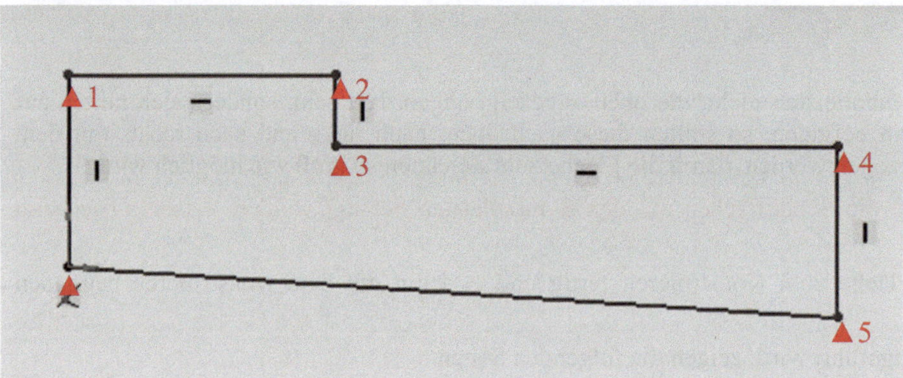

Bild 10

Mit dem Mauszeiger auf den Eckpunkt des Ursprungs fahren, mit der linken Maustaste Klick, dann eine Linie nach oben ziehen mit linkem Maustasten-Klick beenden, dann eine Linie nach rechts ziehen und mit linkem Maustasten-Klick beenden, dann eine Linie nach unten ziehen und mit linkem Maustasten-Klick beenden, dann eine Linie nach rechts ziehen und mit linkem Maustasten-Klick beenden, dann eine Linie nach unten ziehen und mit linkem Maustasten-Klick beenden, dann eine Linie zum Eckpunkt des Ursprungs ziehen mit linkem Maustasten-Klick beenden, dann mit Tipp auf die Taste „Esc" den Skizziervorgang beenden. Die Skizze ist geschlossen und somit fertig. Die Skizze wird auf der nächsten Seite bemaßt.

Skizze bemaßen

Mit der linken Maustaste Klick auf die Schaltfläche „Intelligente Bemaßung" (Bild 11). Am Mauszeiger wird das Symbol „Bemaßung" sichtbar, Bild 12.

Bild 11

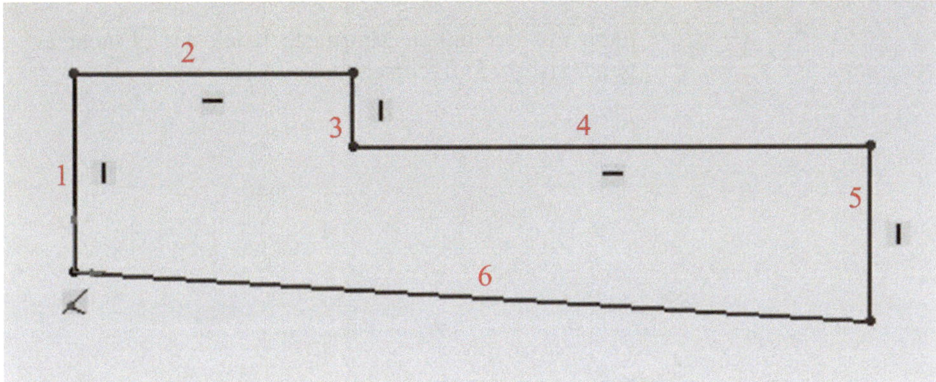

Bild 12

Mit dem Mauszeiger auf Linie 1 ziehen, dort mit linker Maustaste Klick, die Linie färbt sich rot und man sieht die Bemaßungsumgebung, diese nach rechts ziehen, dort mit der linken Maustaste Klick, es erscheint ein Fenster „Modifizieren", in dieses Fenster 20 schreiben und mit der Eingabetaste bestätigen. Dies führt man auch mit den Linien 2–5 durch. Die Zahlenwerte sind in Bild 13 aufgeführt.

Beendet wird mit Klick auf „Esc".

Die bemaßte Skizze muss wie in Bild 13 gezeigt aussehen.

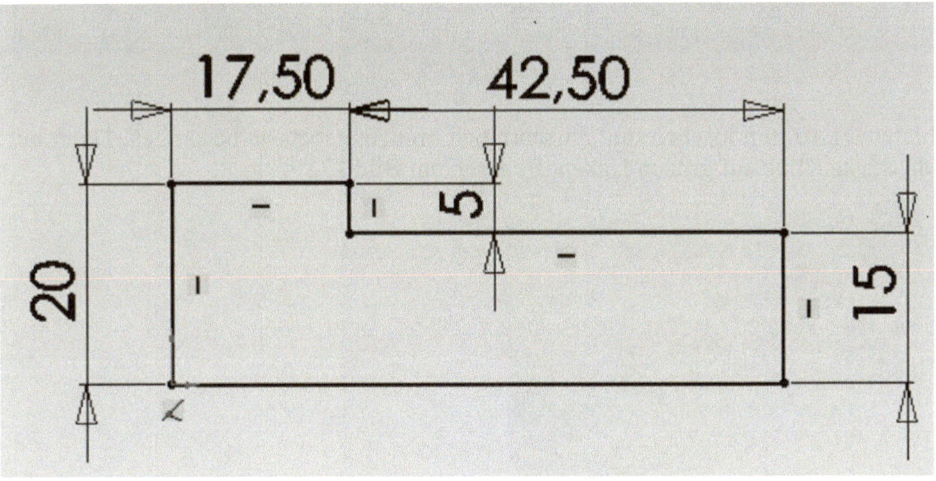

Bild 13

Volumenkörper erstellen

In Bild 13 mit linker Maustaste Klick auf „Features" (Bild 14);

Bild 14

dann mit der linken Maustaste Klick auf „Linear ausgetr." (Bild 15). Es erscheint Bild 16.

Bild 15

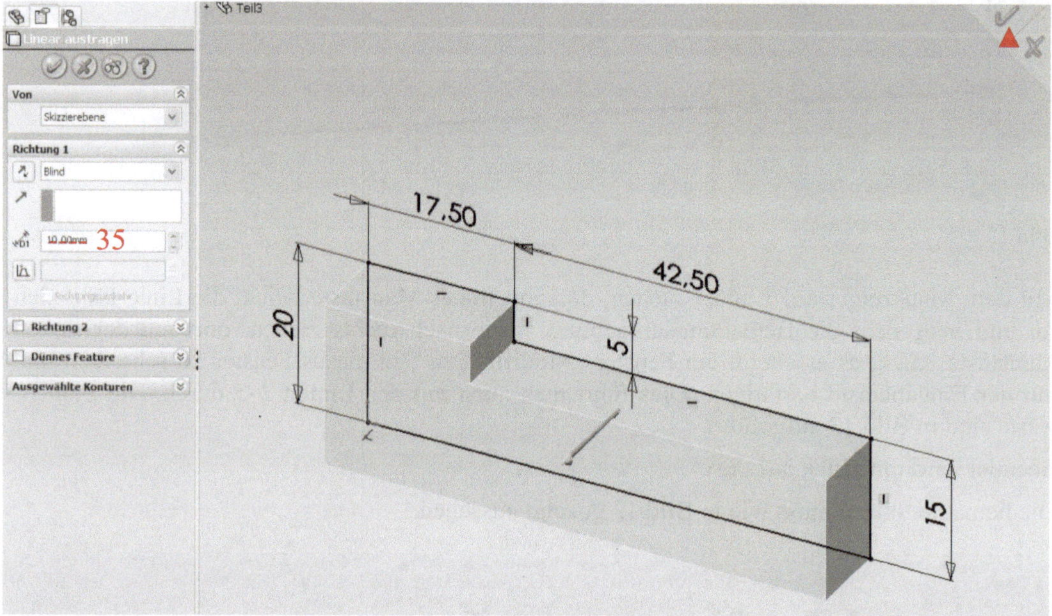

Bild 16

In Bild 16 hinter D1 10 mm löschen und 35 schreiben, mit Eingabetaste bestätigen. Dann mit der linken Maustaste Klick auf grünen Haken. Es erscheint Bild 17.

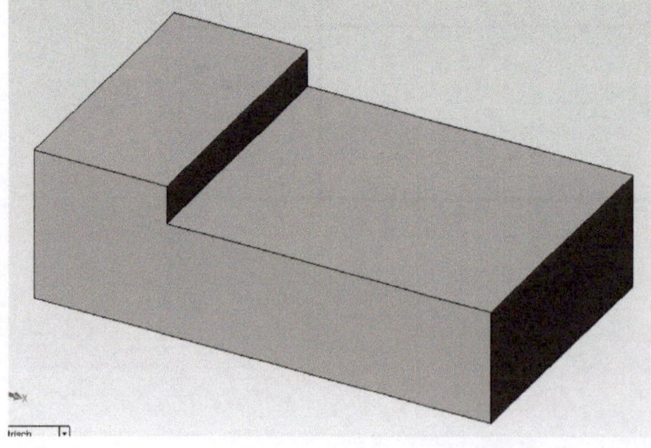

Bild 17

Volumenkörper bearbeiten

Zunächst bringt man die Aussparung zur Aufnahme des Spannarms ein, dafür ist es erforderlich, den Körper zu drehen. Mit der linken Maustaste Klick auf die Schaltfläche „Links" in der Symbolleiste Standardansichten (wie in Bild 18 gezeigt), es erscheint Bild 19.

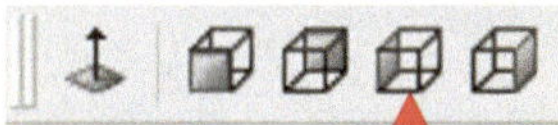

Bild 18

Bild 19

Die Aussparung muss skizziert werden, dafür wird es erforderlich, eine Zeichenebene zu erstellen. Mit linker Maustaste Klick auf die Fläche (Bild 19), die Fläche färbt sich grün und die Ebene ist somit festgelegt.

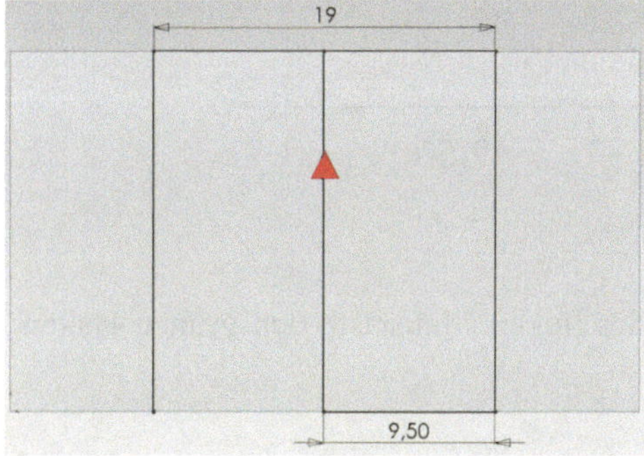

Bild 20

Zeichnen Sie jetzt auf dieser Ebene wie in den Bildern 10–13 gezeigt, eine Skizze wie im Bild 20 ersichtlich. Da die Aussparung in der Mitte eingebracht werden soll, zeichnen Sie zunächst die mittlere Linie.

Wenn Sie an der oberen Kante der Ebene mit dem Mauszeiger entlangfahren, zeigt Ihnen SolidWorks durch Aufleuchten eines Punktes, wo die Mitte ist.

Die mittlere Linie wird nicht gebraucht, deshalb wird diese gelöscht.

Mit der rechten Maustaste Klick auf die Linie (Bild 20) und in dem dann gezeigten Popup-Menü mit linker Maustaste löschen anklicken, es zeigt sich Bild 21.

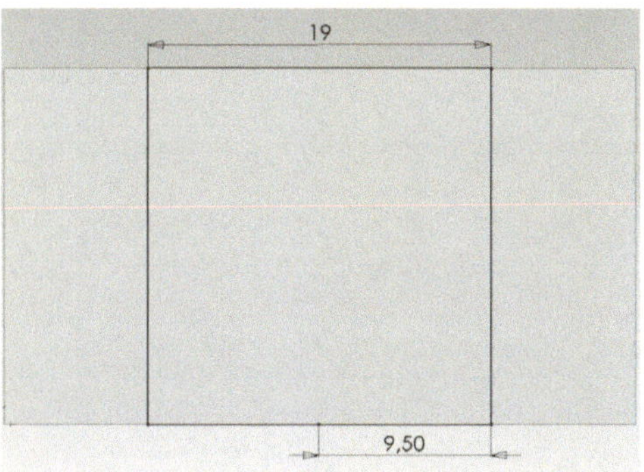

Bild 21

Jetzt wird die Aussparung eingebracht.

Bild 22

Mit linker Maustaste auf „Features" klicken, dann mit linker Maustaste auf „Linear ausgetragener Schnitt" klicken (Bild 22), es erscheint Bild 23.

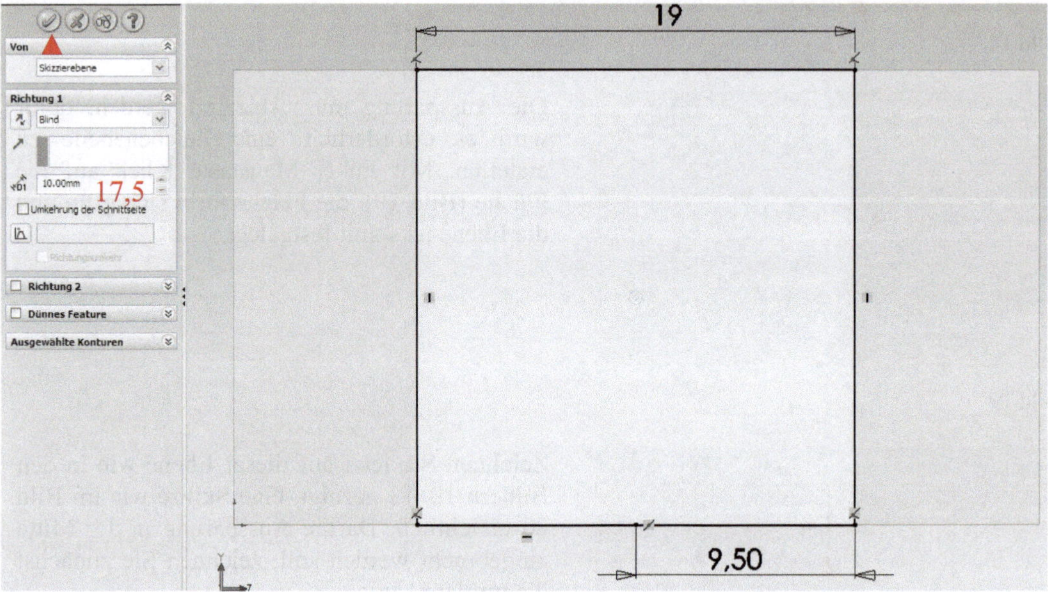

Bild 23

In Bild 23 das Maß für D1 in 17.5 ändern und mit der linken Maustaste den grünen Haken anklicken, es erscheint Bild 24.

Bild 24

Langlöcher für die Befestigungsschrauben einbringen

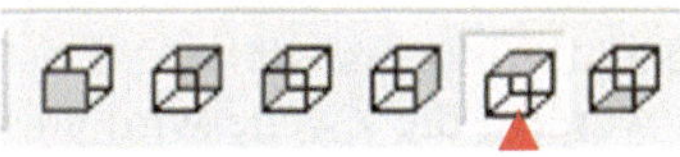

Bild 25

Zunächst den Körper drehen. Mit der linken Maustaste Klick auf die Schaltfläche „Oben" (Bild 25), es erscheint Bild 26.

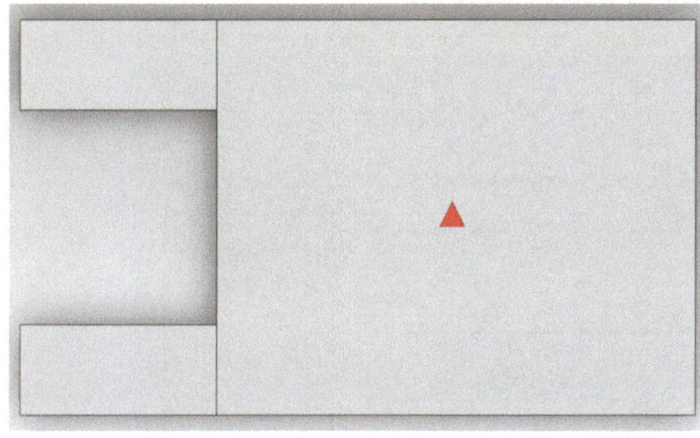

Bild 26

Die Langlöcher müssen skizziert werden, dafür ist es erforderlich, eine Zeichenebene zu erstellen. Mit linker Maustaste Klick auf die Fläche (Bild 26), die Fläche färbt sich grün und die Ebene ist festgelegt.

Da die Langlöcher die gleiche Form und Lage haben, werden diese mit dem Befehl Spiegeln erstellt.

Bild 27   Bild 28

Für das Spiegeln wird eine Mittellinie erforderlich. Mit linker Maustaste Klick auf „Skizzieren" (Bild 27), dann mit linker Maustaste Klick auf „Mittellinie" (Bild 28), mit dem Mauszeiger ungefähr zur Mitte ziehen (SolidWorks findet die Mitte selbst), dort mit linkem Maustasten-Klick den Mauszeiger über die Ebene ziehen und am Ende Klick (Bild 29).

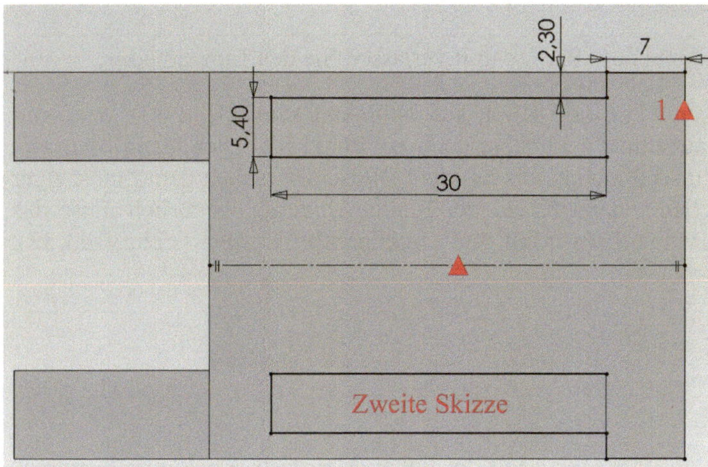

Bild 29

Jetzt die Skizze erstellen. Mit der linken Maustaste Klick auf die Mittellinie (Bild 29). Dann Klick auf

Bild 30.

In dem Popup-Menü mit dem Mauszeiger nach unten auf Skizzieren fahren, dann nach rechts und Dynamisch spiegeln anklicken.

Dann Klick auf  Bild 31.

Zeichnen Sie jetzt eine Skizze, wie in den Bildern 10–13 gezeigt, die in Bild 29 gezeigte Skizze. Beginnen sollte die Skizze bei 1 ▲.

Sie werden beim Skizzieren sehen, dass die Zweite Skizze von SolidWorks erstellt wird. Das hat den Vorteil: Bei Änderungen muss nur eine Skizze geändert werden, die Zweite wird automatisch mit geändert.

Jetzt müssen noch die Radien der Langlöcher skizziert werden.

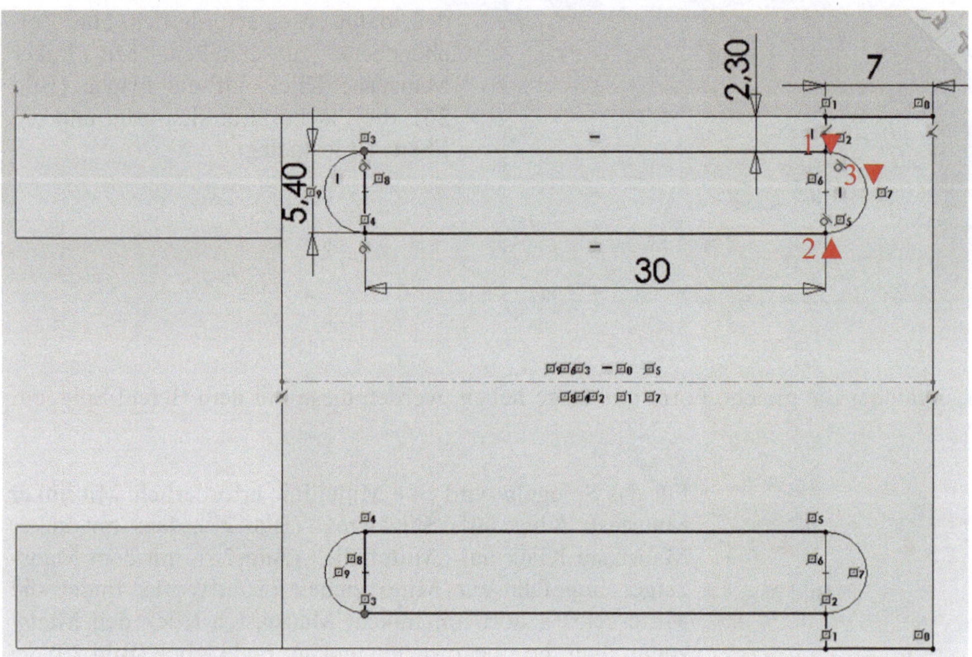

Bild 32

Drücken Sie auf Ihrer Tastatur einmal auf „Esc", damit verlassen Sie den Linienmodus.

Bild 33

Jetzt mit der linken Maustaste Klick auf 3-Punkt Radius (Bild 33), dann mit dem Mauszeiger auf Punkt 1 klicken, dann auf Punkt 2 klicken, dann Mauszeiger in Richtung Punkt 3 ziehen, bis auf dem Bildschirm neben dem Mauszeiger das Maß 2,7 erscheint, dann Klick, der Radius ist fertig. Natürlich muss das Gleiche für den Radius beim Maß 5,40 durchgeführt werden (siehe Bild 32). Mit „Esc" verlassen.

Langlöcher einbringen

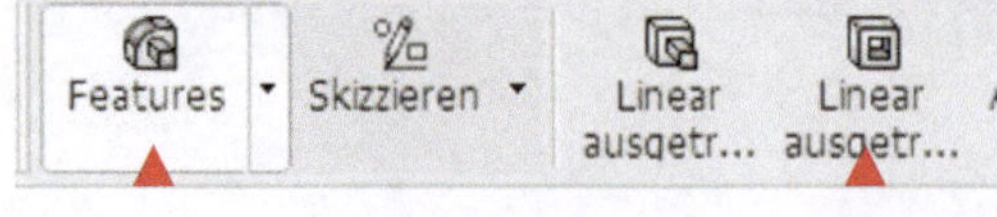

Bild 34

Mit der linken Maustaste Klick auf „Features" (Bild 34), dann auf „Linear ausgetragener Schnitt", dann alle Sektoren der Langlöcher anklicken, sie müssen farbig werden (Bild 35).

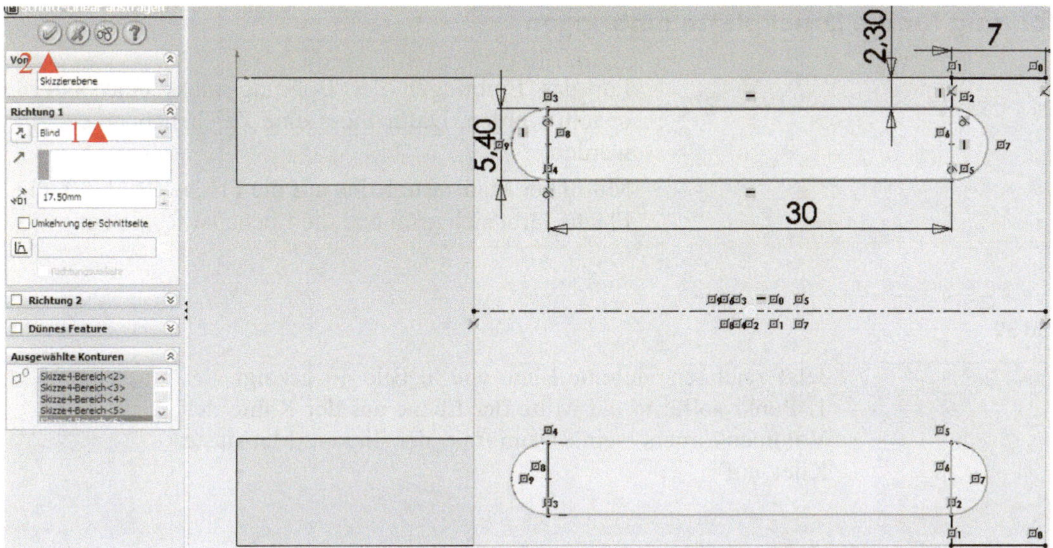

Bild 35

Bei 1▲ auf „Durch alles" stellen, dann bei 2▲ grünen Haken anklicken. Es zeigt sich Bild 36.

Bild 36

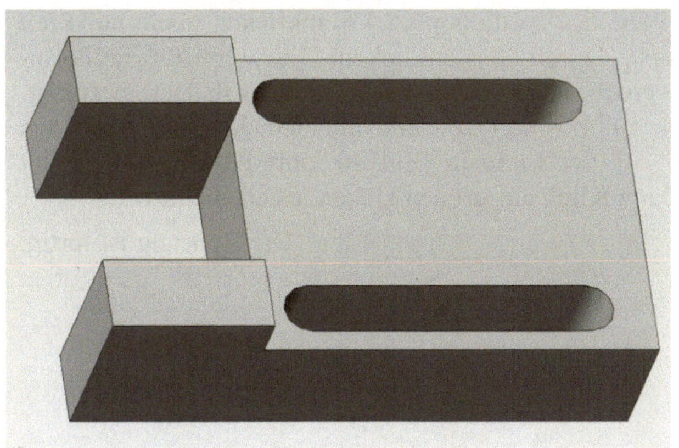

Wenn Sie den Volumenkörper gedreht sehen wollen, drücken Sie einfach die Pfeiltasten auf der Tastatur, Bild 37.

Bild 37

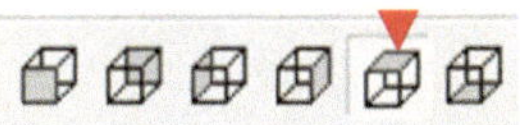

Zurück kommt man mit Klick auf „Oben" in der Symbolleiste „Standardansichten", Bild 38.

Bild 38

Bohrung für die Druckplatte einbringen

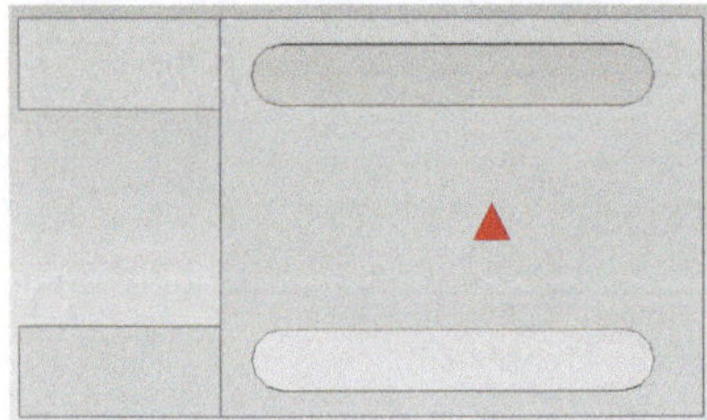

Für das Einbringen der Bohrung muss eine Skizze erstellt werden. Dafür muss eine Zeichenebene erstellt werden.

Mit linker Maustaste Klick auf die Fläche (Bild 39), die Fläche färbt sich grün und die Ebene ist festgelegt.

Bild 39

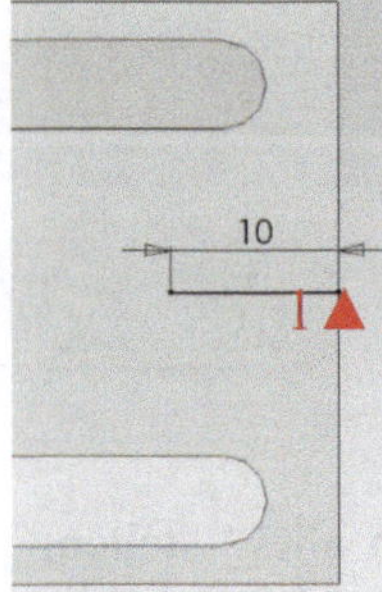

Jetzt zeichnen Sie eine Linie wie in Bild 40 gezeigt, der 1. Punkt sollte in der Mitte der Ebene auf der Kante des Volumenkörpers sein. Dann mit der linken Maustaste Klick auf

, es erscheint Bild 42.

Bild 41

Bild 40

Bild 42

Bild 43   Bild 44

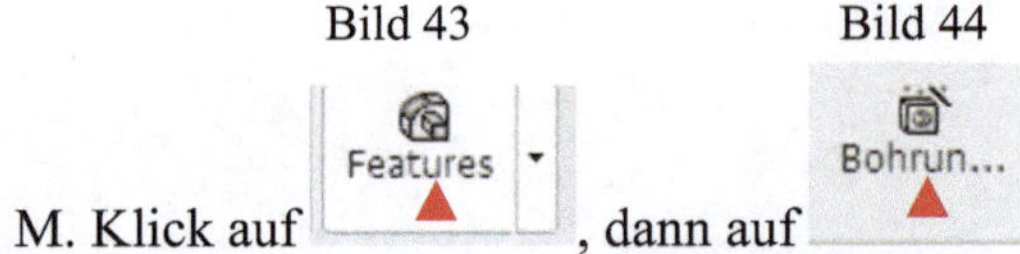

Jetzt mit der l. M. Klick auf [Features], dann auf [Bohrun...], es erscheint die Bohrungsspezifikation (Bild 45).

Legen Sie die Bohrungsdefinition fest. Mit der linken Maustaste auf Bohrung ▲1, dann auf Pfeil ▲2 im Popup DIN anklicken, dann auf Pfeil ▲3 im Popup Bohrergrößen anklicken, dann auf Pfeil ▲4 im Popup ∅ 4,5 anklicken, dann auf Pfeil ▲5 im Popup Durch alles anklicken. Die Werte für die Formsenkung werden eingetippt und mit der Eingabetaste bestätigt. Jetzt Klick auf Position ▲6 und mit dem Mauspfeil auf den Endpunkt ▲7 der Linie in Bild 46, dort Klick, es erscheint Bild 47. Dann Klick auf grünen Haken, es erscheint Bild 48.

Die Bohrung ist fertig.

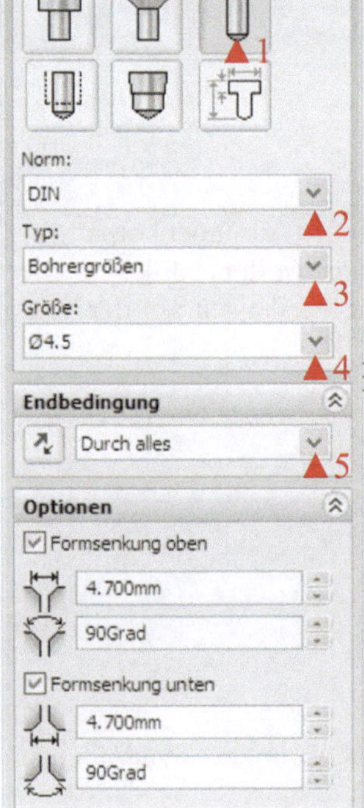

Bild 45

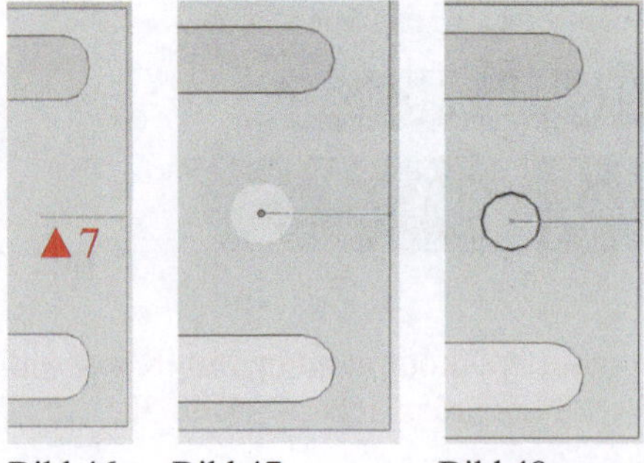

Bild 46   Bild 47   Bild 48

Skizze ausblenden

Um die Skizze auszublenden, klicken Sie mit der rechten Maustaste auf Skizze (Bild 49) und klicken dann im Popup „Ausblenden" mit der linken Maustaste an. Es erscheint Bild 50.

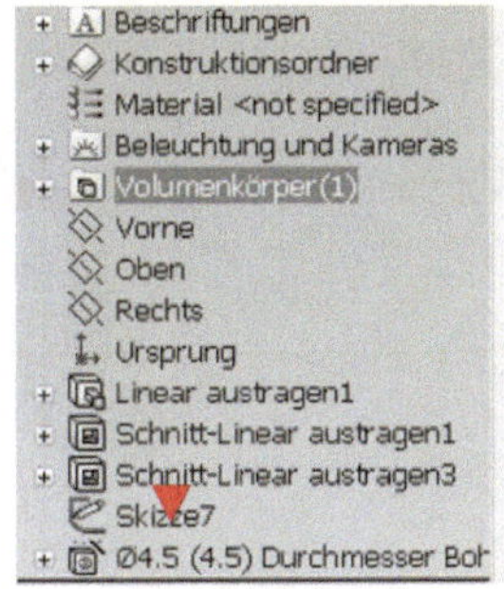

Bild 49

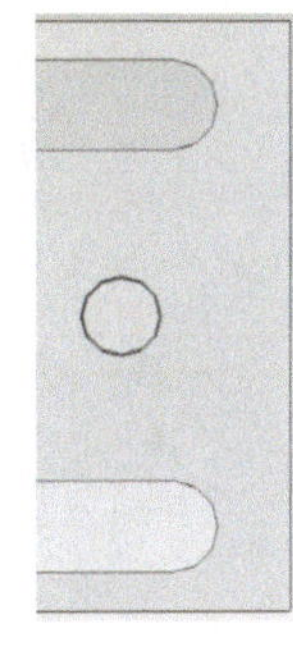

Bild 50

Bohrung 7Ø für Lagerbolzen einbringen

Dafür ist eine Drehung des Volumenkörpers erforderlich.

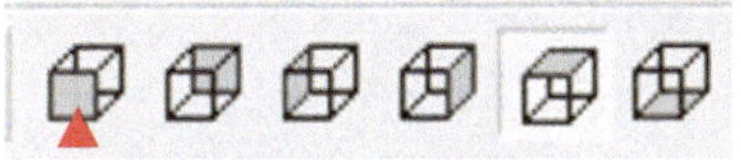

Mit der linken Maustaste Klick auf Vorderseite, es erscheint Bild 51.

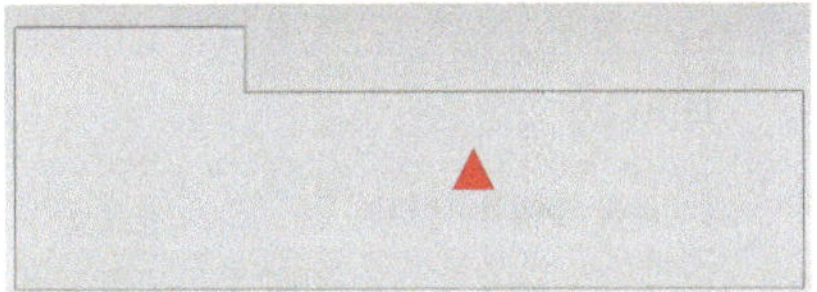

Bild 51

Bild 52

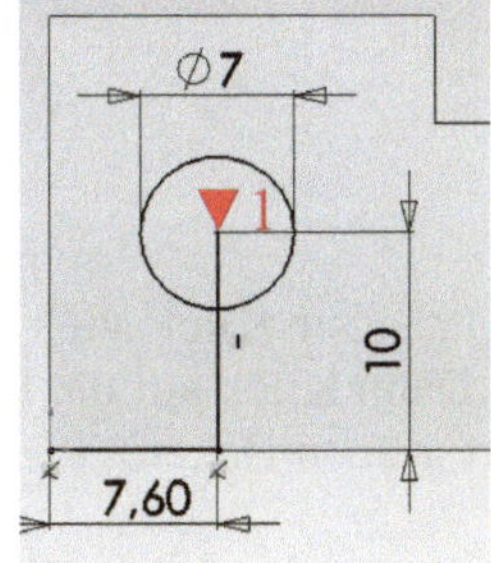

Bild 53

Im Bild 51 mit der linken Maustaste Klick auf die Fläche für die Erstellung der Ebene. Dann eine Skizze wie in Bild 53 gezeigt erstellen. Für die Erstellung des Kreises mit der linken Maustaste Klick auf Kreis (Bild 52), dann Klick auf ▼1 Endpunkt der Linie mit dem Mauszeiger. Einen Kreis ziehen. Dann vermaßen.

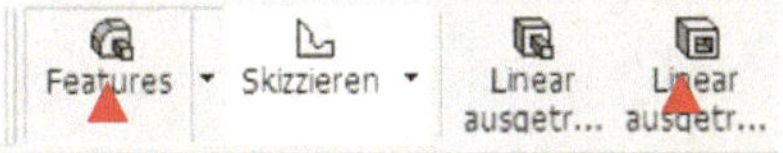

Jetzt Klick auf „Features", dann auf „Linear ausgetragen", dann mit dem Mauszeiger in der Bohrung Klick, es erscheinen die Bilder 54 und 55.

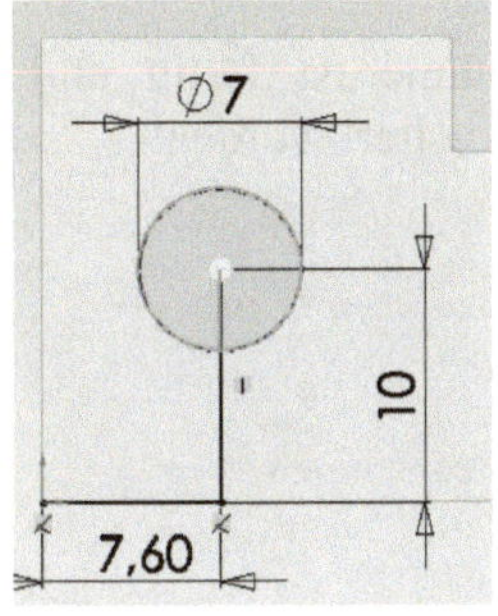

Bild 54

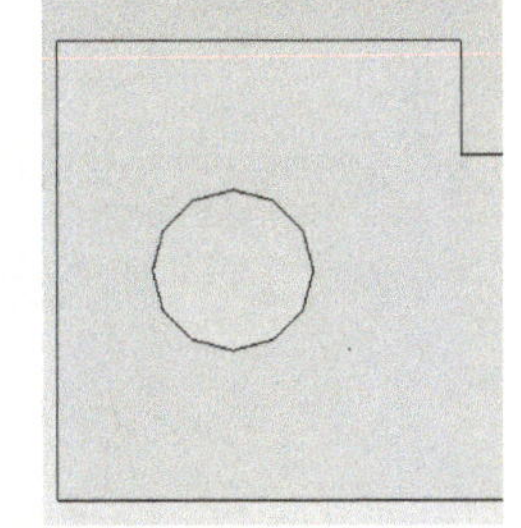

Bild 55

Bild 56

In Bild 55 bei ▲1 „Durch alles" einstellen, dann auf grünen Haken Klick. Es erscheint Bild 56. Die Bohrung ist fertig.

Radien und Fasen

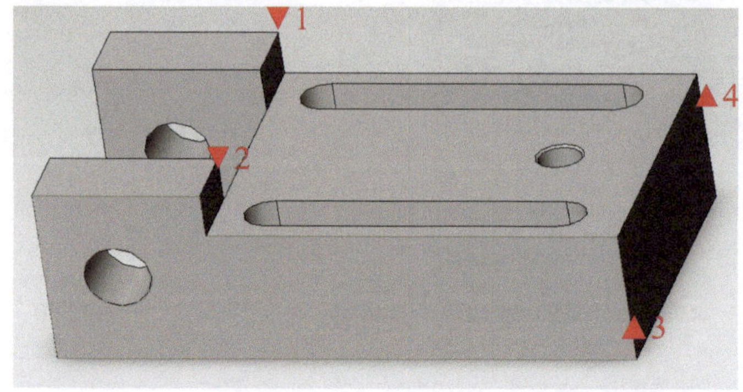

Um Bild 57 herzustellen, drückt man die Pfeiltasten auf der Tastatur zweimal nach unten und zweimal nach links.

Bild 57

Radien einbringen: Mit der linken Maustaste Klick auf

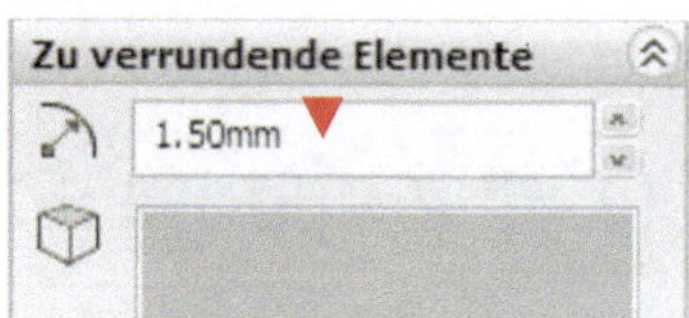

Bild 58

und bei ▼ 1.5 (Bild 58) eingeben. Dann Klick auf die Kanten bei ▼1 und ▼2 (Bild 57), dann Klick auf grünen Haken.

Die Verrundungen sind fertig.

Fasen einbringen: Mit der linken Maustaste Klick auf und bei ▼ 1.5 (Bild 59) eingeben. Dann Klick auf die Kanten bei ▲3 und ▲4, dann Klick auf grünen Haken.

Die Fasen sind fertig.

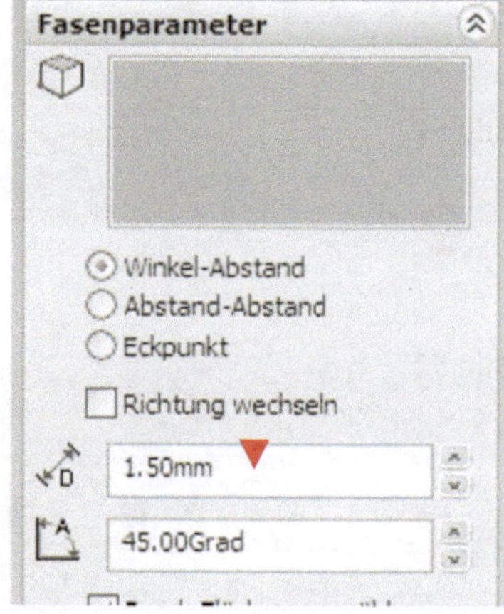

Bild 59

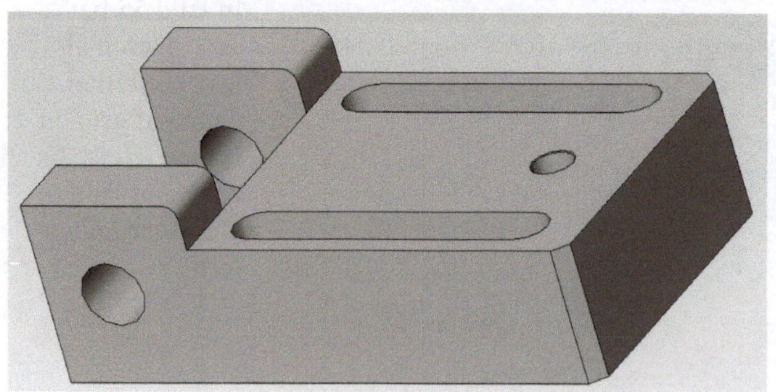

Die Aufnahme ist fertig und sollte gespeichert werden.

Bild 60

Aufnahme abspeichern

Klick auf 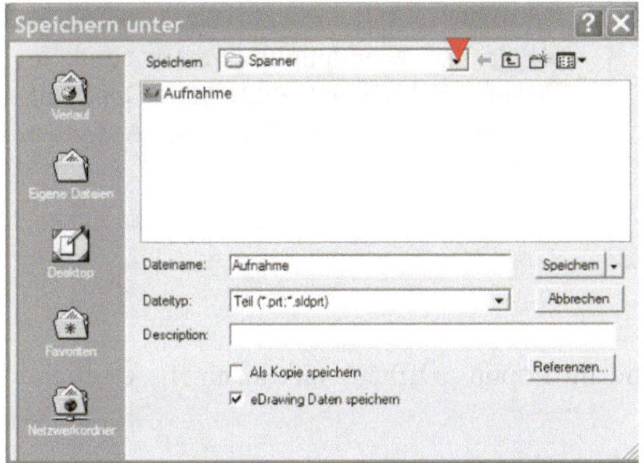, dann im Popup den Mauszeiger auf „Speichern unter" ziehen, dort Klick, es erscheint Bild 61.

In Bild 61 Klick auf Pfeil, dann im Popup „Eigene Dateien" anklicken. Es erscheint Bild 62.

Bild 61

In Bild 62 Klick auf „Neuen Ordner erstellen". Es erscheint Bild 63.

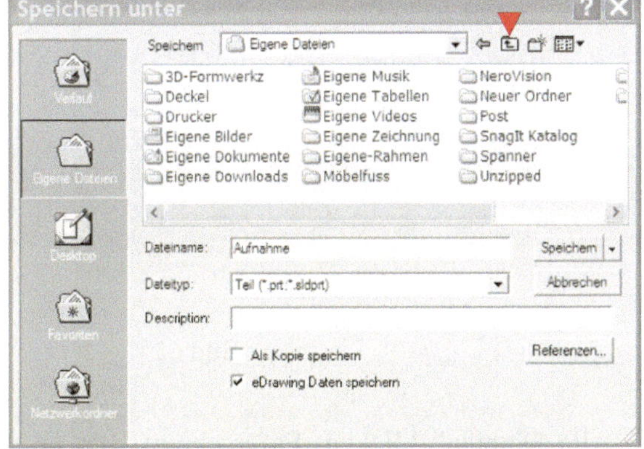

Bild 62

In Bild 63 „Neuer Ordner" löschen und dafür Niederzugspanner schreiben, dann Klick auf „Öffnen", es erscheint Bild 64.

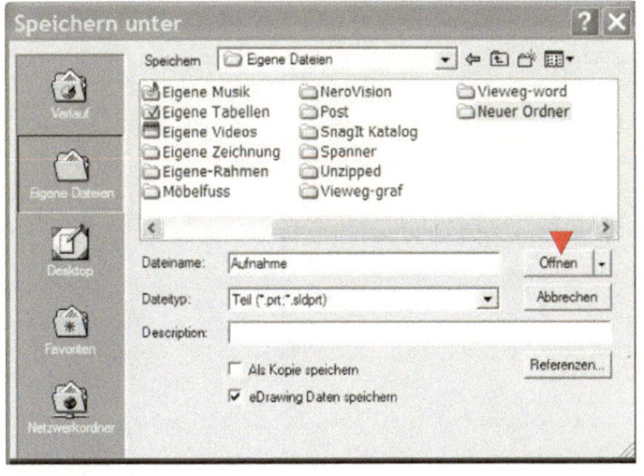

Bild 63

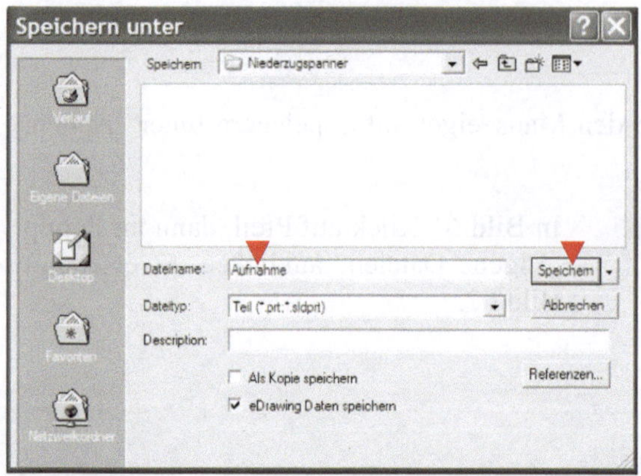

Bild 64

In Bild 64 in der Spalte „Dateiname" vorhandenes Wort löschen und Aufnahme schreiben, dann Klick auf „Speichern". Die Aufnahme ist jetzt im Ordner *Niederzugspanner* gespeichert. Jetzt das Bild schließen.

Klick auf Menüpunkt „Datei" und im Popup „Schließen" anklicken. Der Bildschirm ist leer und für neue Aufgaben bereit.

Zum Öffnen Klick auf Menüpunkt „Datei" und im Popup „Öffnen" anklicken. Es erscheint Bild 65.

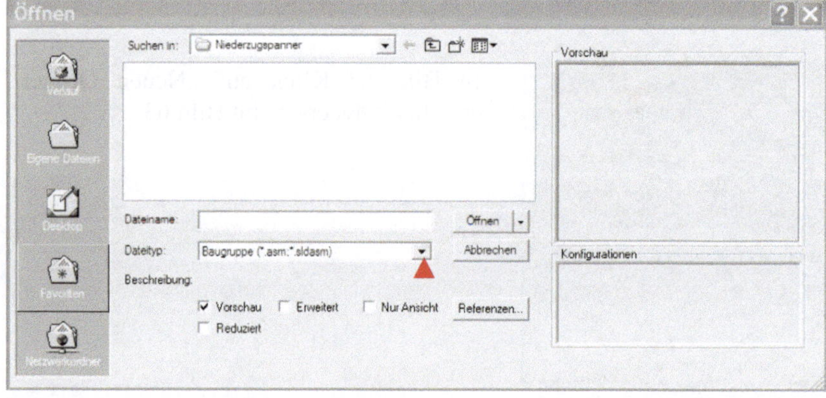

Bild 65

In Bild 65 Klick auf Pfeil und im Popup auf „Alle Dateien" klicken. Es erscheint Bild 66. Klickt man jetzt auf Aufnahme und dann auf „Öffnen", erscheint die Aufnahme auf dem Bildschirm.

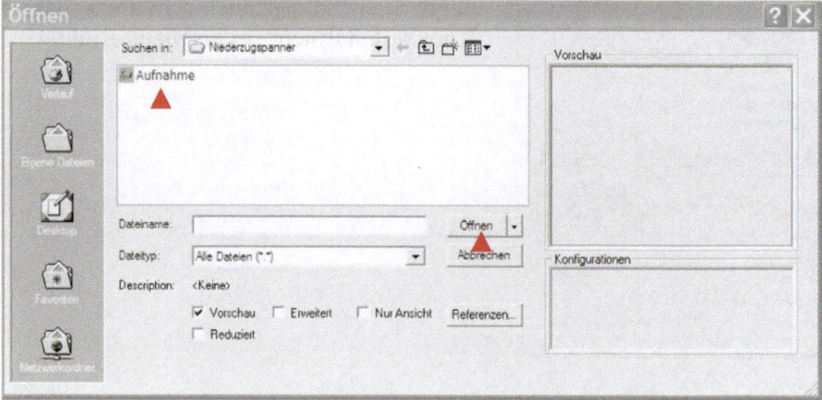

Bild 66

Spannarm konstruieren

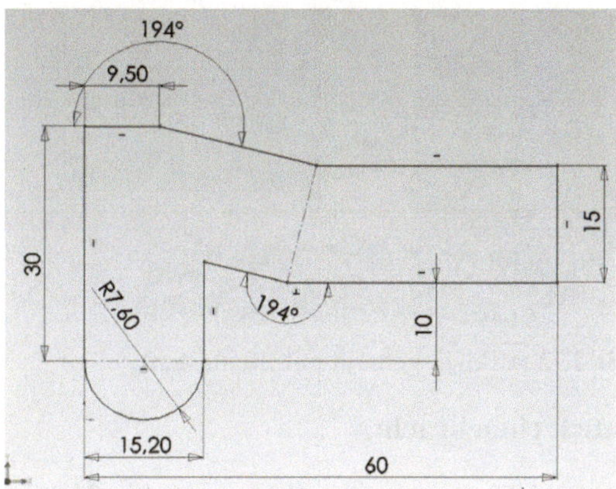

Bild 67

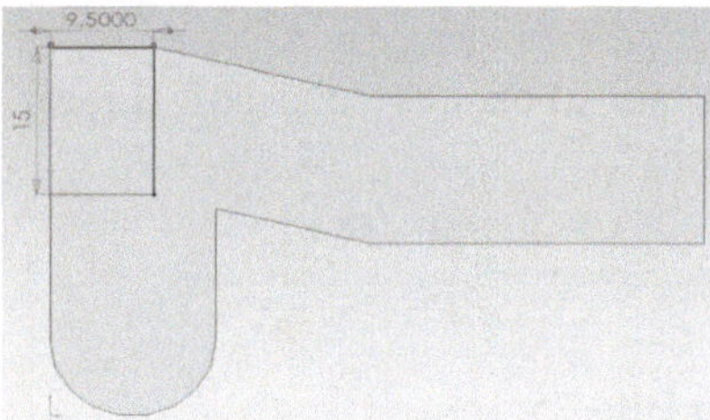

Bild 69

Zeichnen Sie wie in den Bildern 2 bis 3 und 7 bis 13 beschrieben die Skizze wie im Bild 67 gezeigt.

Den Volumenkörper erstellen Sie wie in den Bildern 14 bis 16 beschrieben. Das Maß für Dicke $D_1 = 19$. Es erscheint Bild 68.

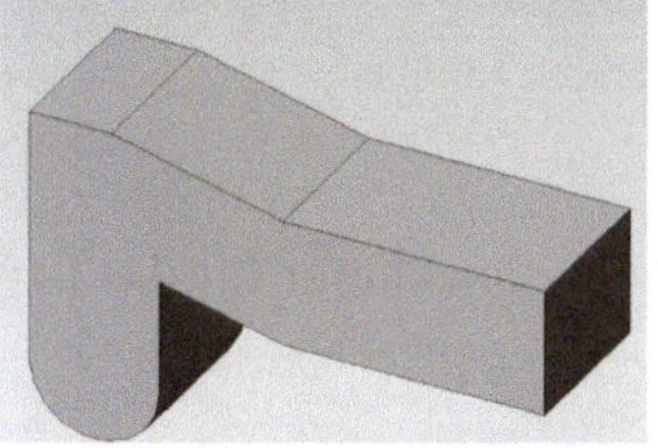

Bild 68

In Bild 68 Klick auf

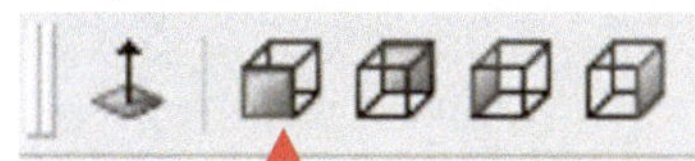

,

dann wie in den Bildern 10 bis 13 gezeigt, eine Skizze wie im Bild 69.

Dann Klick auf „Features" und auf „Linear ausgetragen".

Es erscheint Bild 70.

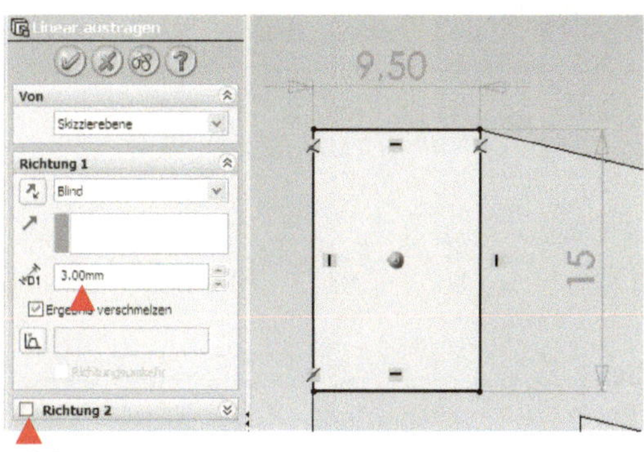

Bild 70

In Bild 70 D_1 ändern in 3.00 und Klick auf Richtung 2. Es erscheint Bild 71.

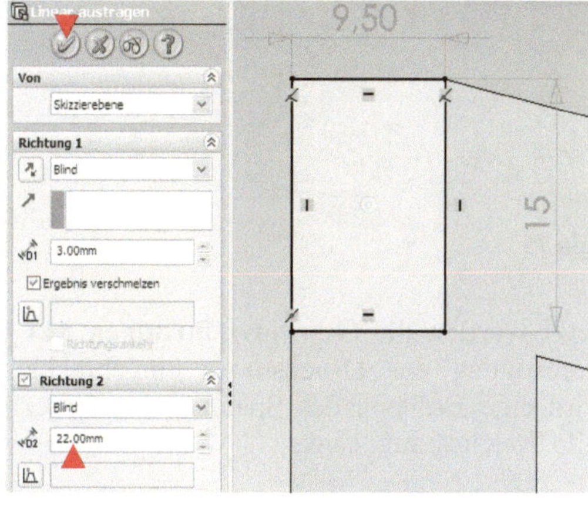

Bild 71

In Bild 71 D_2 ändern in 22.00 und Klick auf grünen Haken. Es erscheint Bild 72.

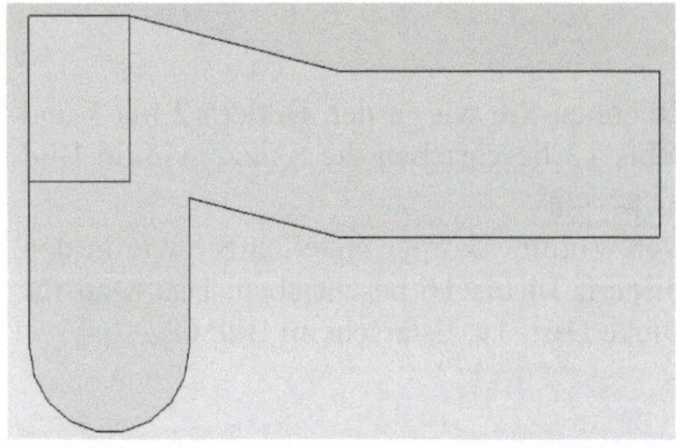

Bild 72

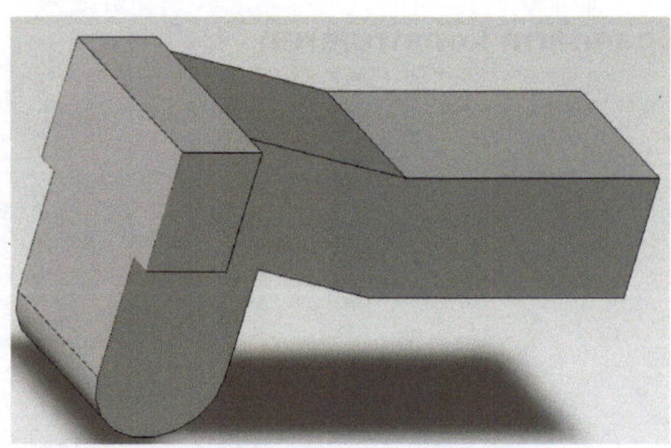

Bild 73 (Bild 72 gedreht mit Pfeiltasten)

Jetzt wird die Aufnahmekontur für das Druckstück eingebracht.

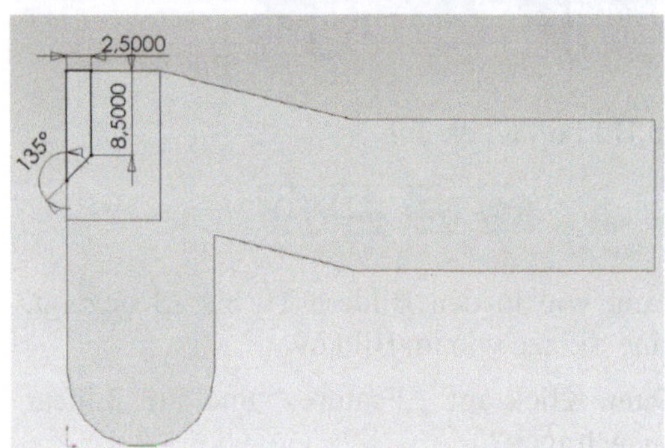

Bild 74

In Bild 72, wie in den Bildern 19 bis 21 beschrieben, eine Skizze wie in Bild 74 gezeigt erstellen.

Dann Klick auf „Features" und auf „Linear ausgtr. Schnitt".

Es erscheint Bild 75.

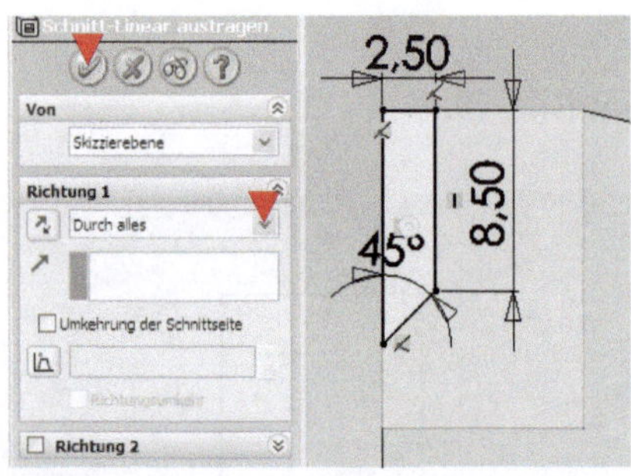

Bild 75

In Bild 75 Klick auf Pfeil und im Popup Klick auf „Durch alles". Dann Klick auf grünen Haken. Es erscheint Bild 76.

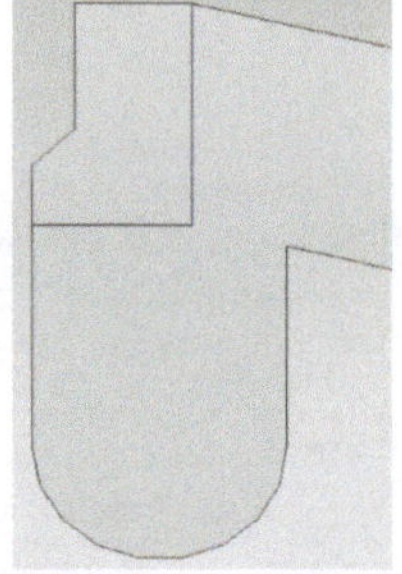

Bild 76

Jetzt werden die Gewindebohrungen M3 für die Befestigung des Druckstücks eingebracht. Dafür wird eine Drehung des Spannarms erforderlich. In Bild 76 Klick auf „Links".

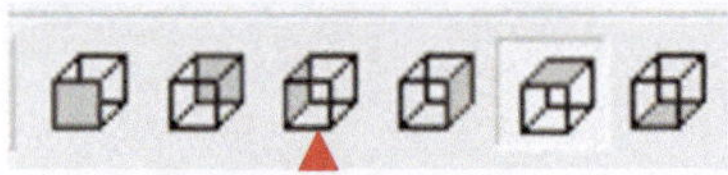

Es erscheint Bild 77.

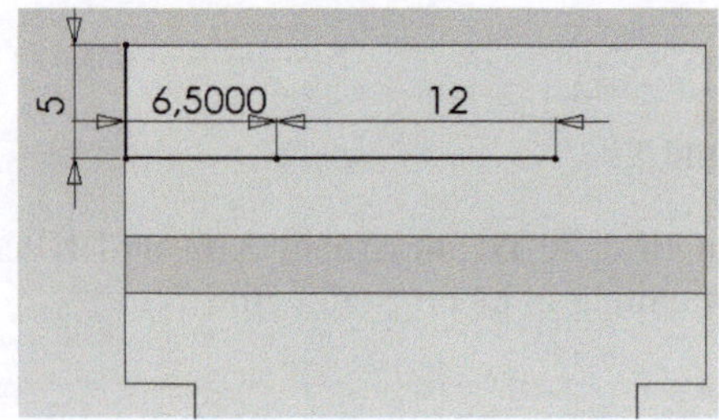

Bild 77

In Bild 77 eine Skizze wie dort gezeigt erstellen. Durchführung: Wie in den Bildern 19 bis 21 beschrieben.

Dann Klick auf ![Skizze beenden] .Es erscheint Bild 78.

Jetzt Klick auf ![Features] und ![Bohrun...] , es erscheint die Bohrungsspezifikation (Bild 79).

Bild 78

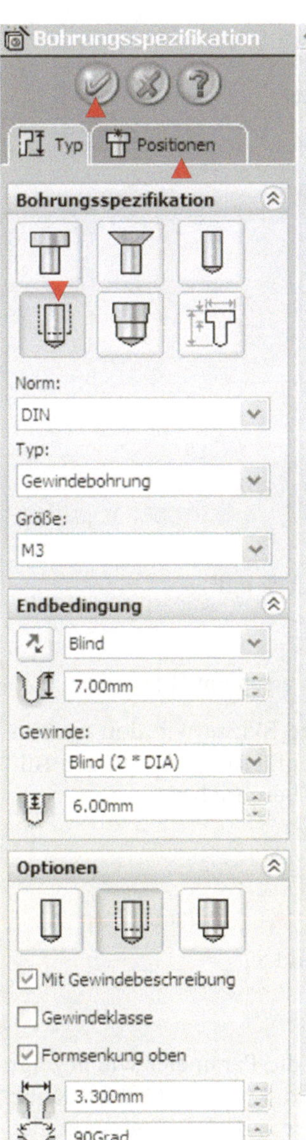

Bild 79

In Bild 79 Klick auf Gewindebohrung, dann alle Parameter wie in Bild 45 gezeigt einstellen. Die einzustellenden Parameter sind in Bild 79 ersichtlich.

Dann Klick auf „Positionen", mit dem Mauszeiger auf die Skizze in Bild 78 ziehen und dort die Punkte anklicken. Es erscheint Bild 80.

Bild 80

Dann Klick auf grünen Haken. Es erscheint Bild 81.

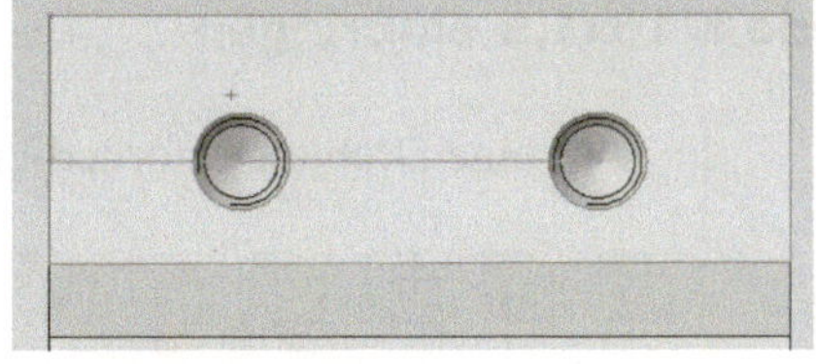

Bild 81

Die Skizze blenden Sie wie in Bild 49 gezeigt aus. Es erscheint Bild 82.

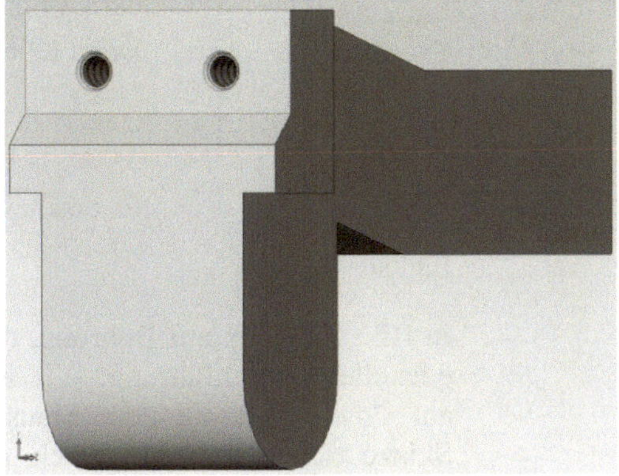

Bild 82

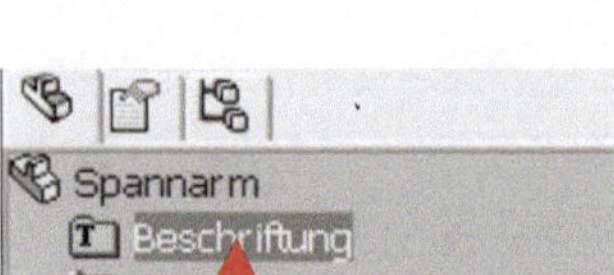

Bild 83

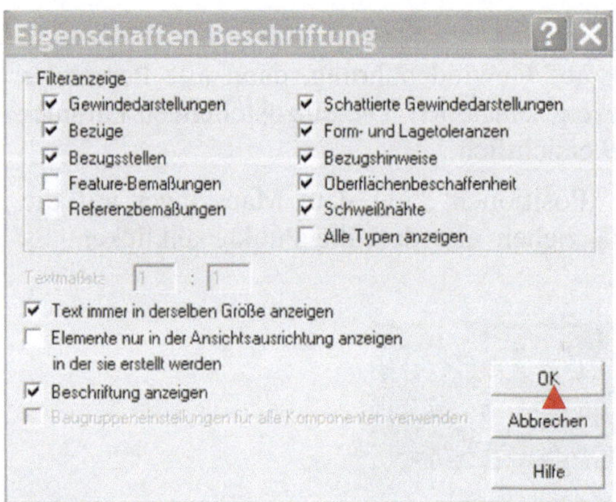

Bild 84

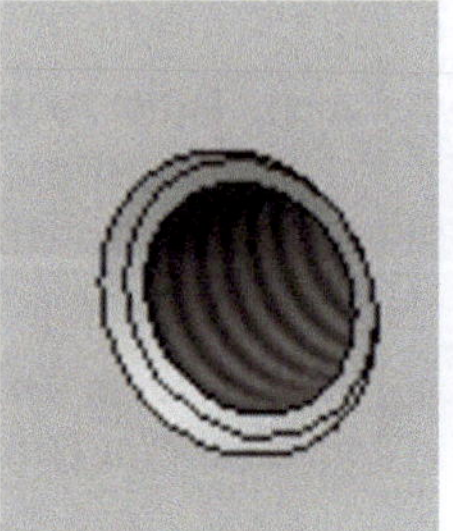

Bild 85 (vergrößert)

Wenn Sie das Gewinde schattiert sehen wollen: Mit der rechten Maustaste Klick auf „Beschriftung" (Bild 83), im Popup Beschriftung aktivieren, dann Details anklicken. Es erscheint Bild 84. Das Bild 84 wie abgebildet aktivieren. Klick auf „OK", es erscheint Bild 85.

Bohrung 8 und Gewinde M16x1,5 einbringen

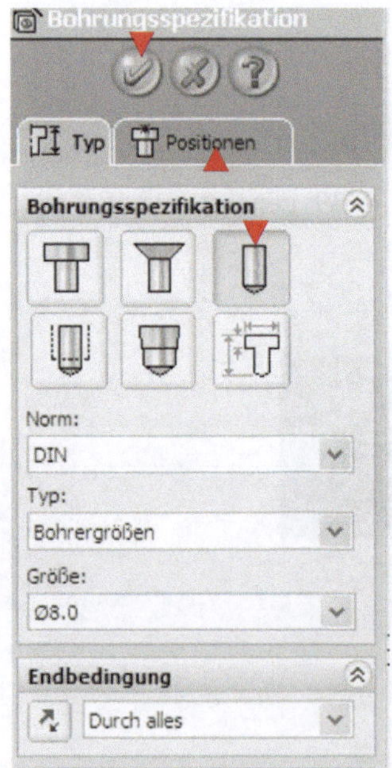

Bild 87

Es wird eine Drehung erforderlich, Klick auf

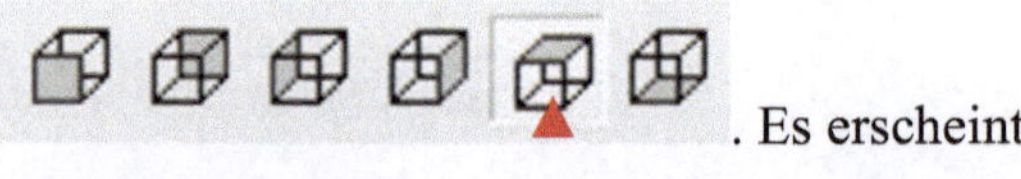

. Es erscheint Bild 86.

In Bild 86 eine Skizze wie dort gezeigt erstellen. Durchführung: Wie in den Bildern 19 bis 21 beschrieben.

Dann Klick auf

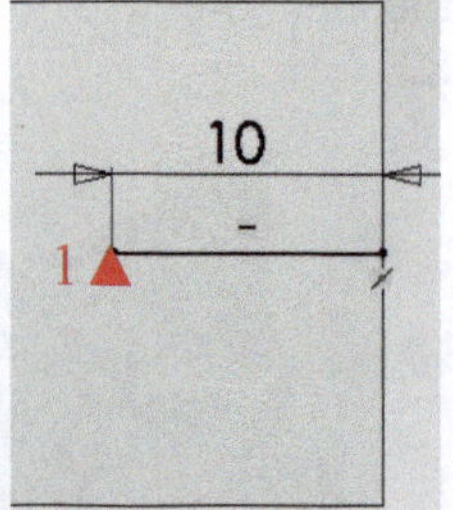

Bild 86

, auf ▲ und auf ▲.

Es erscheint Bild 87.

In Bild 87 Klick auf Bohrung, dann die Parameter wie gezeigt einstellen. Durchführung: Wie in Bild 45 gezeigt. Dann Klick auf Positionen, mit dem Mauszeiger auf den Endpunkt der Skizze ziehen, 1▲ dort Klick, dann auf grünen Haken Klick, es erscheint Bild 88 (nächste Seite).

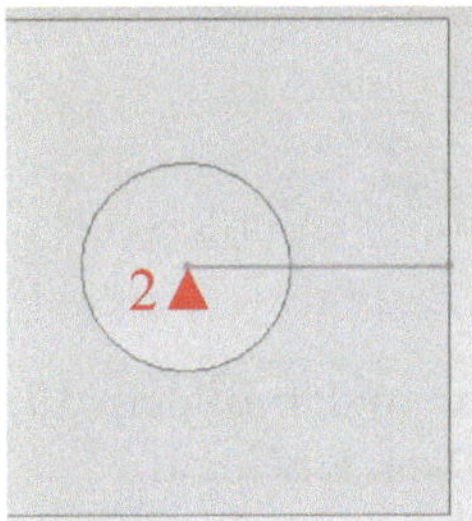

Bild 88

Bild 89

Jetzt wieder Klick auf  . Es erscheint Bild 89.

In Bild 89 Klick auf Gewindebohrung, dann die Parameter wie gezeigt einstellen.

Durchführung: Wie in Bild 45 gezeigt. Dann Klick auf Positionen, mit dem Mauszeiger auf den Endpunkt der Skizze ziehen, 2▲ dort Klick, dann auf grünen Haken Klick, es erscheint Bild 90.

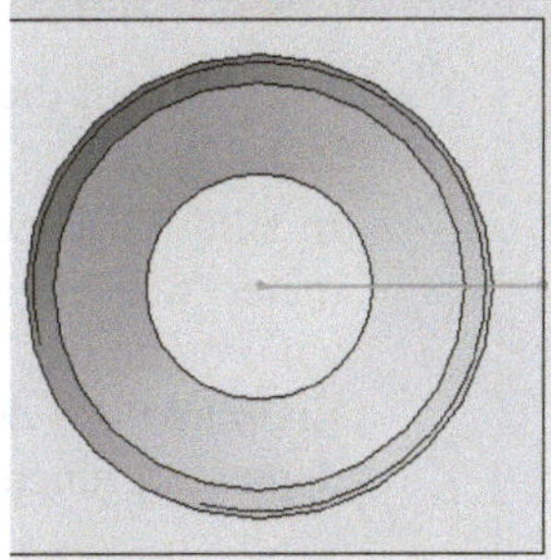

Bild 90

Die Skizze blenden Sie wie im Bild 49 gelernt aus. Es erscheint Bild 91.

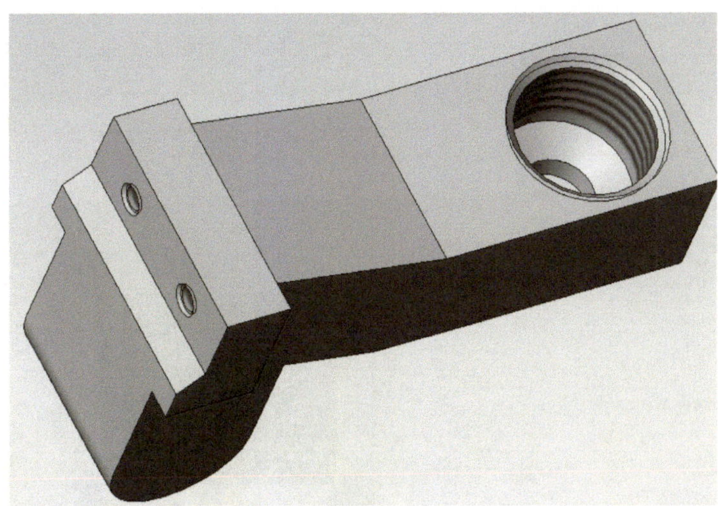

Bild 91 (gedreht)

Jetzt wird die Bohrung 7∅ für den Lagerbolzen eingebracht.

Dafür wird eine Drehung erforderlich. Klick auf 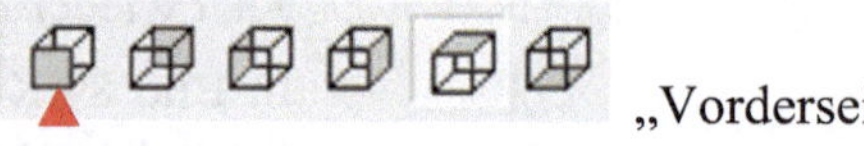 „Vorderseite".
Es erscheint Bild 92.

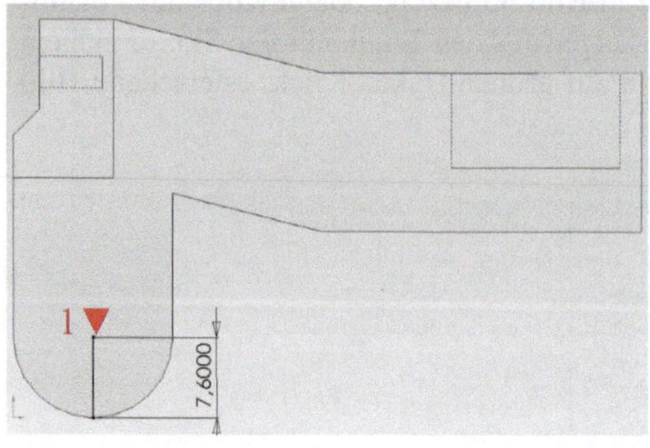

In Bild 92 eine Skizze wie in den Bildern 19 bis 21 gezeigt erstellen. Dann Klick auf

, auf und auf .

Es erscheint die Bohrungsspezifikation (Bild 93).

In Bild 93 Klick auf Bohrung, dann die Parameter wie angezeigt einstellen. Dann Klick auf Positionen, mit dem Mauszeiger auf den Endpunkt 1▼ der Skizze ziehen, dort Klick, dann auf grünen Haken, es erscheint Bild 94.

Bild 92

Die Skizze blenden Sie wie in Bild 49 gelernt aus. Es erscheint Bild 95.

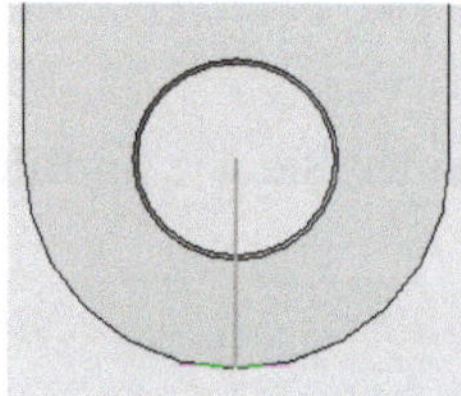

Bild 94

Fasen und Radien einbringen:

In Bild 95 bringen Sie auf die Kanten bei 1▼ je eine Fase 1 x 45° und bei 2▼ je eine Fase 2 x 45° sowie in die Ecke bei ▲3 einen Radius von 2, wie in den Bildern 57 bis 59 gezeigt, ein.

Es erscheint Bild 96.

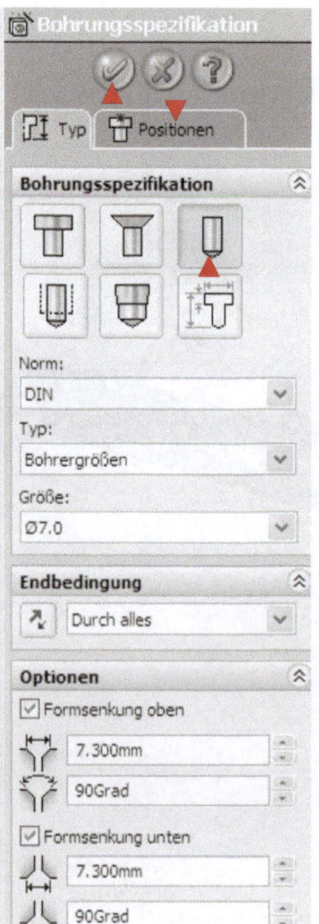

Bild 93

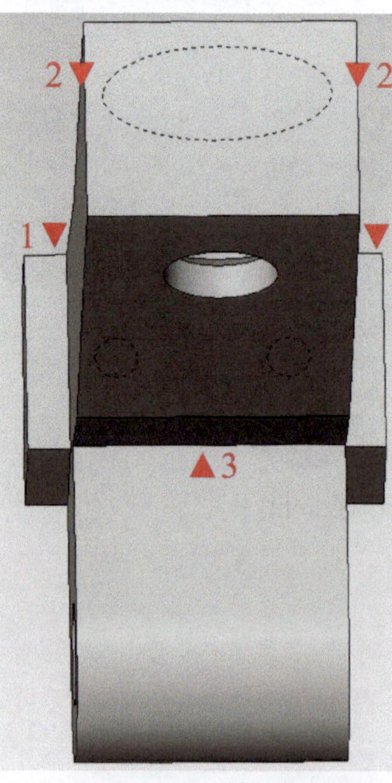

Bild 95 (gedreht)

Bild 96

Der Spannarm ist jetzt fertig und wird im Ordner „Niederzugspanner" gespeichert.

Druckstück konstruieren

Skizzieren Sie wie bereits mehrfach gezeigt die Skizze in Bild 97. Dabei ist zu beachten, dass Hilfslinien mit der Schaltfläche *Mittellinie* gezeichnet werden. Bei Kreisen erhalten Sie diese Ausführung wie folgt (Bild 98):

Kreis ziehen, Klick, dann in der 1▼ gezeigten Spalte den Radius 17,5 eintragen und „Für Konstruktion" anklicken. Grünen Haken anklicken. Der Kreis zeigt sich in Mittellinienausführung, wie im Bild 97 gezeigt.

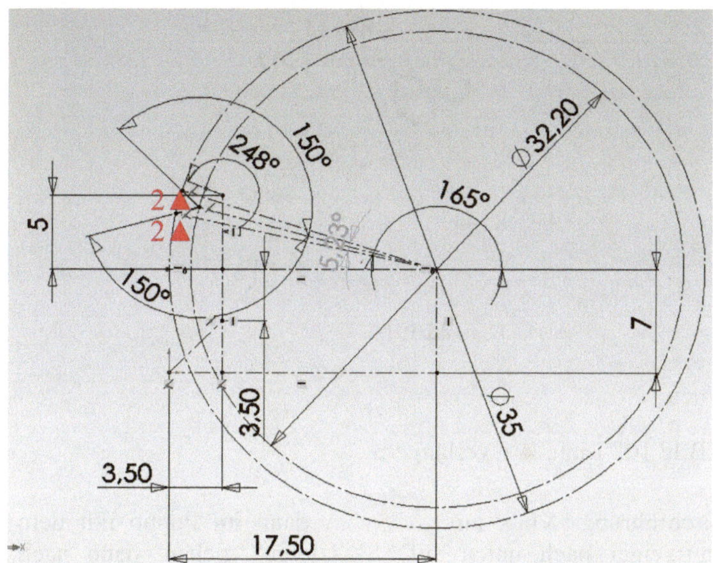

Bild 97

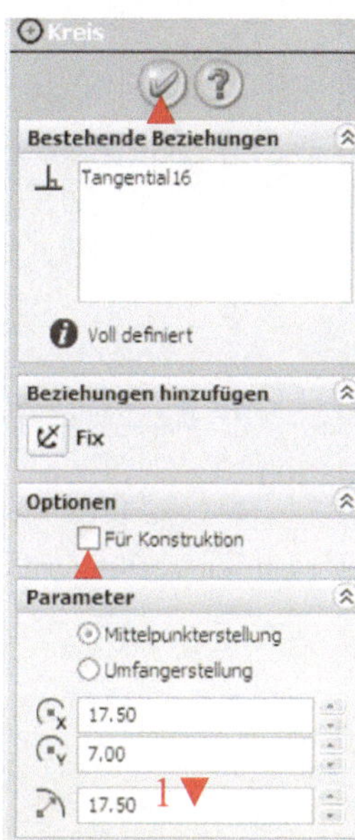

Bild 98

Die Linien bei 2▲ als Linie konstruieren.

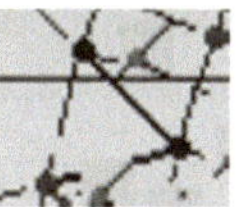

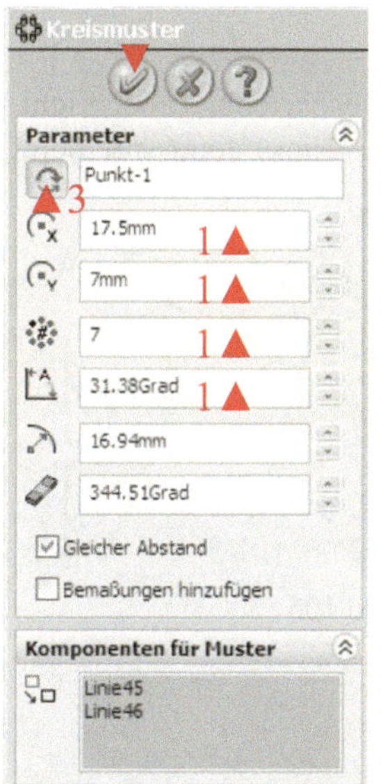

Bild 99

Gleichmäßige Zähne erstellt man wie folgt:

Klick auf **Extras**▲, im Popup mit Mauszeiger auf „Skizzieren" ziehen, dann nach rechts und weiter nach unten auf „Kreismuster", dort Klick.

Es erscheint die Einstellung für Kreismuster (Bild 99). Einstellung: Die Parameter wie in Bild 99 aufgeführt eingeben. (Der Gesamtwinkel = 6x5.23°=31.38°) Die Anzahl ist 7 (1 ist vorh., 6 kommen hinzu). (Die Maße 17.5 mm und 7 mm siehe Bild 97.) Jede Eingabe mit der Eingabetaste bestätigen. Jetzt die beiden Linien (bei 2▲ Bild 97) und die Umkehrung (bei 3▲) anklicken. Es erscheint Bild 100 (nächste Seite). Dann Klick auf grünen Haken, es erscheint Bild 101 (nächste Seite).

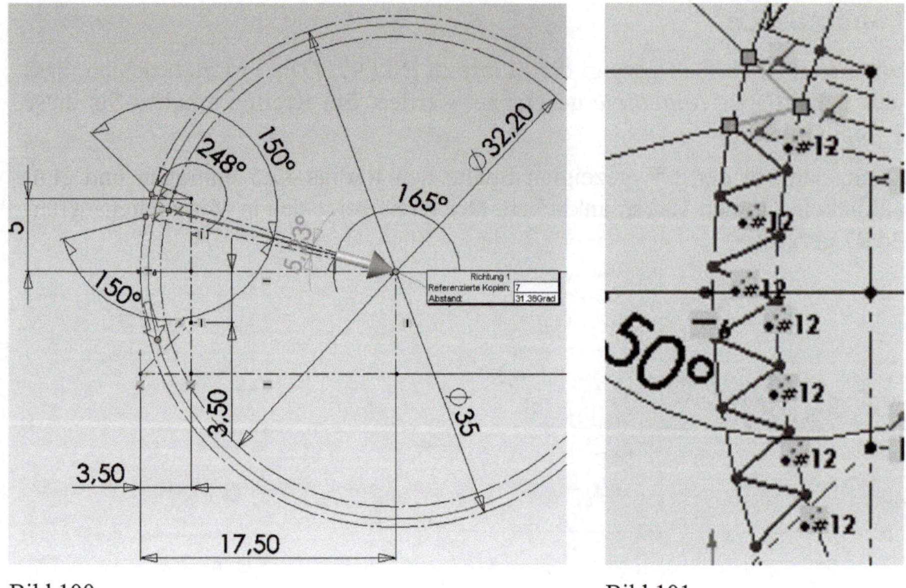

Bild 100   Bild 101

Jetzt Linien verlängern und trimmen.

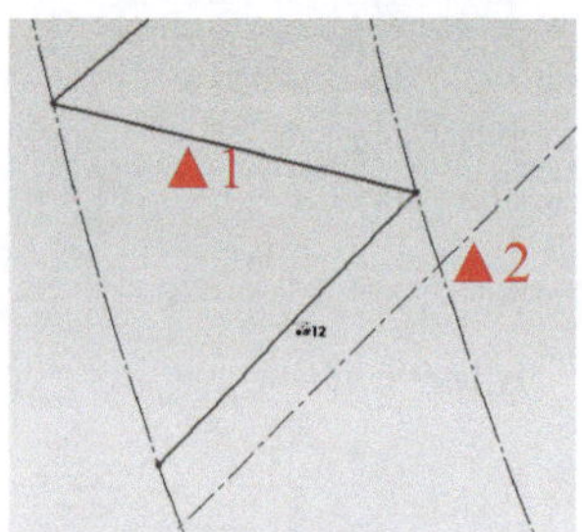

In Bild 102 Linie ▲1 verlängern.

Durchführung: Klick auf **Extras**, dann im Popup mit dem Mauszeiger nach unten auf „Skizzieren" ziehen, dann nach rechts und weiter nach unten auf „Verlängern", dort Klick. Jetzt mit dem Mauszeiger auf Linie ▲1 ziehen, dort Klick. Die Linie verlängern bis zur nächsten Linie ▲2 (siehe 104).

Bild 102 (Ausschn. 101)

In Bild 104 die Linien 1▼ trimmen. Durchführung: Wie in Bild 102 beschrieben, aber nicht auf „Verlängern", sondern auf „Trimmen" klicken, dann in Bild 103 Klick. Jetzt mit dem Mauszeiger die Linie 1▼ anklicken. Es erscheint Bild 105.

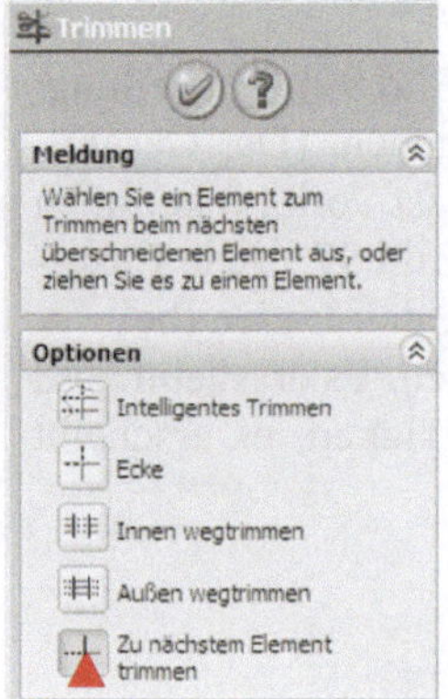

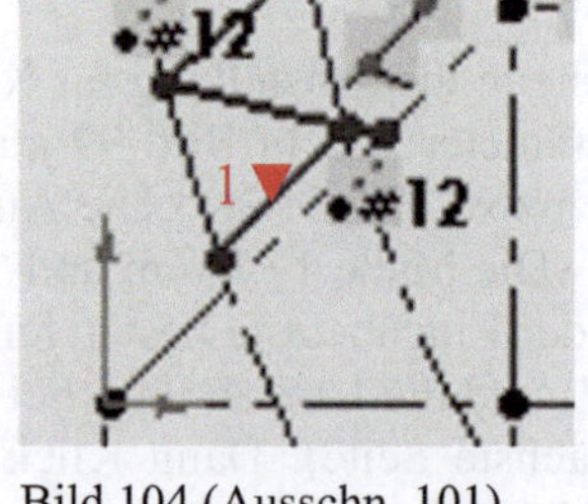

Bild 104 (Ausschn. 101)

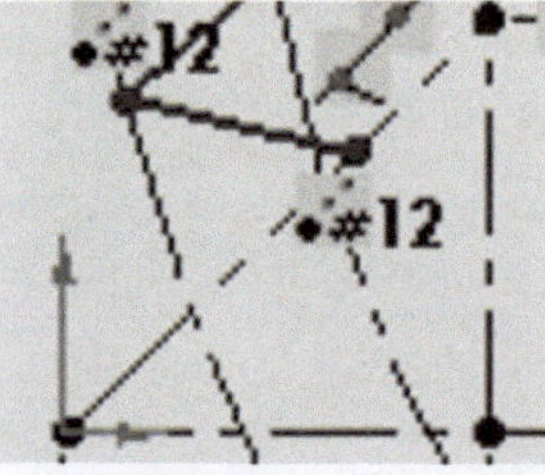

Bild 105

Bild 103

Jetzt die Skizze mit fertig skizzieren, denn SolidWorks erstellt nur aus Skizzen, die mit Linien erstellt sind, einen Volumenkörper.

So wird es gemacht:

In Bild 106 die Mittel-

linien ▼1–3 mit  überskizzieren, dann mit Linie ▲4 die Skizze schließen.

Dann Klick auf und in

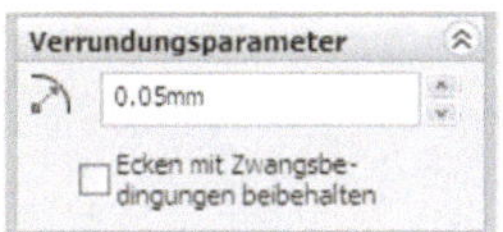

Verrundungsparameter ⊗

0.05mm

☐ Ecken mit Zwangsbe-
dingungen beibehalten

0.05 ändern.

Jetzt Klick auf Linie 5▲ und Klick auf Linie 6▼, die Spitze wird somit verrundet, dies bei allen Spitzen die nach links zeigen durchführen.

Es erscheint Bild 107.

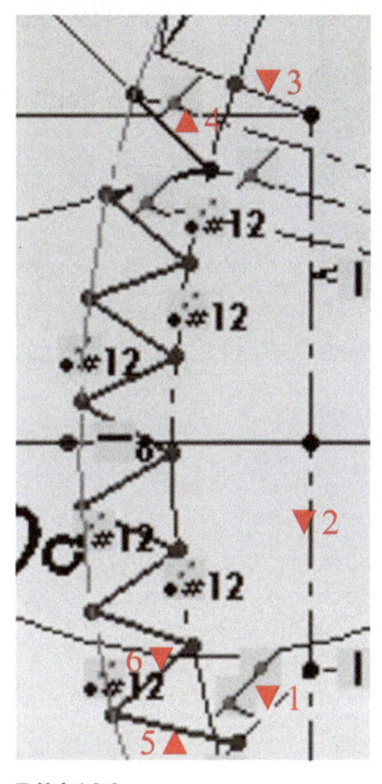

Bild 106

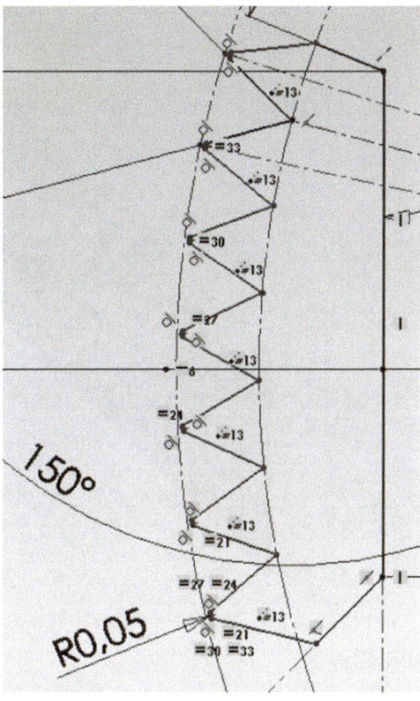

Bild 107

Jetzt in Bild 107 Klick auf 

. Es erscheint Bild 108.

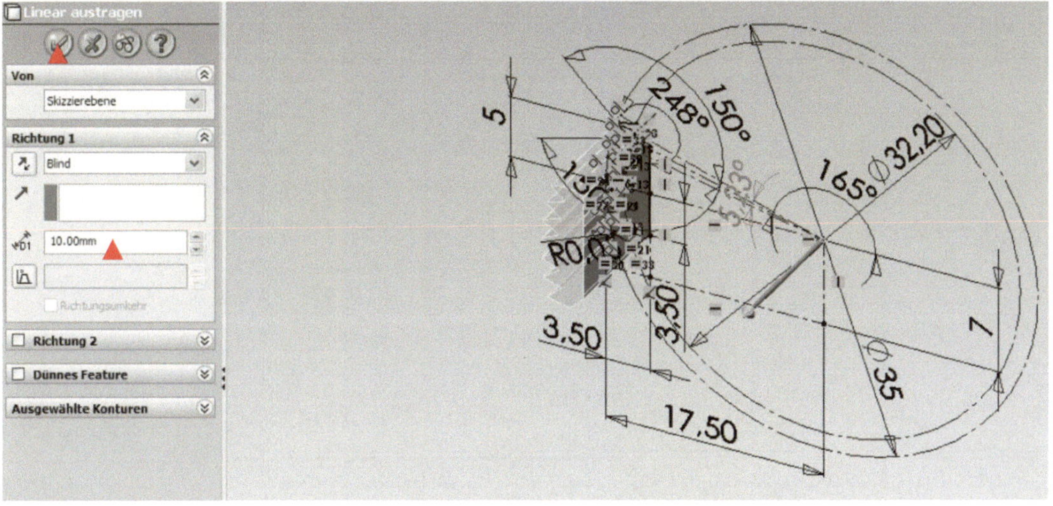

Bild 108

In Bild 108 D1 ändern in 25.00 mm, dann Klick auf grünen Haken, es erscheint Bild 109.

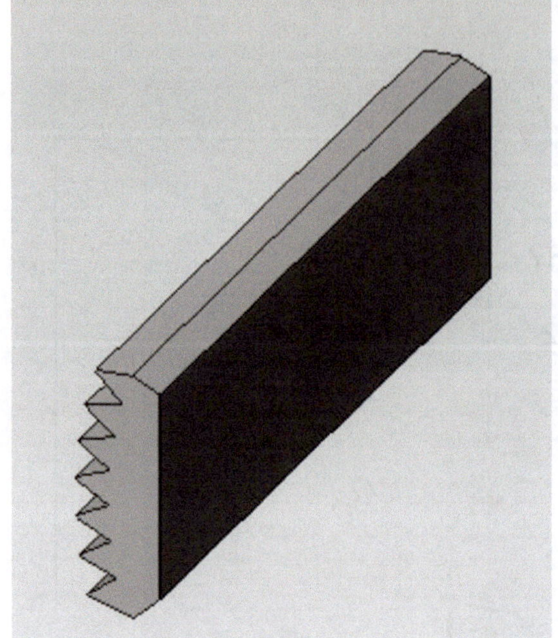

Bild 109

In Bild 109 Klick auf

Es erscheint Bild 110.

Bild 110

Befestigungsbohrungen einbringen

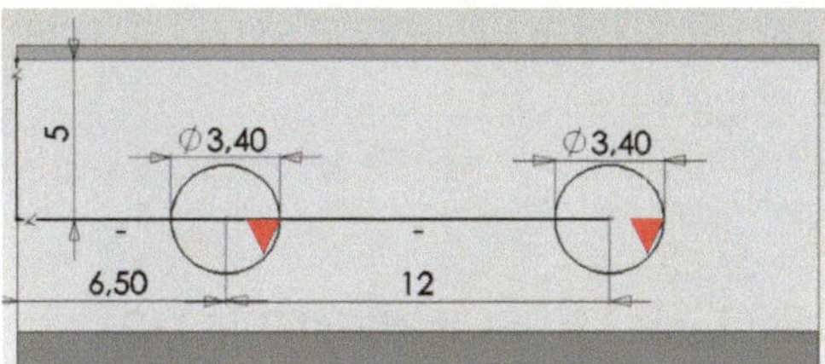

Bild 111

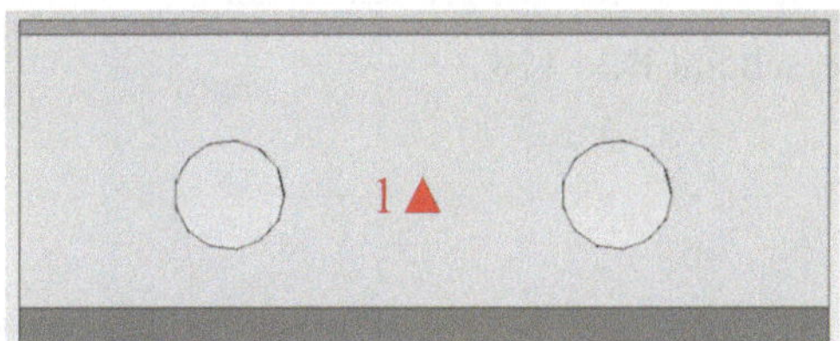

Bild 112

Bild 113

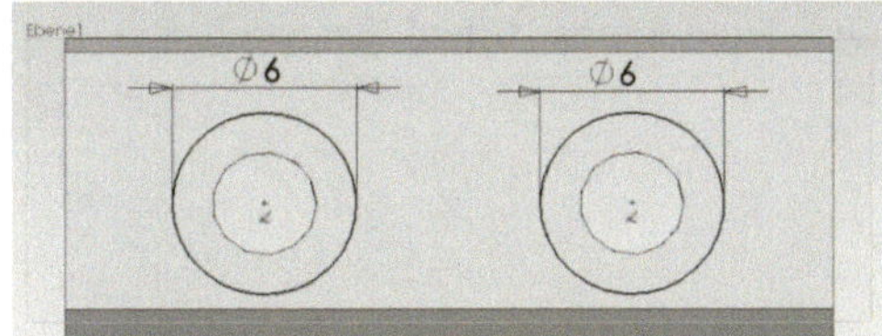

Bild 114

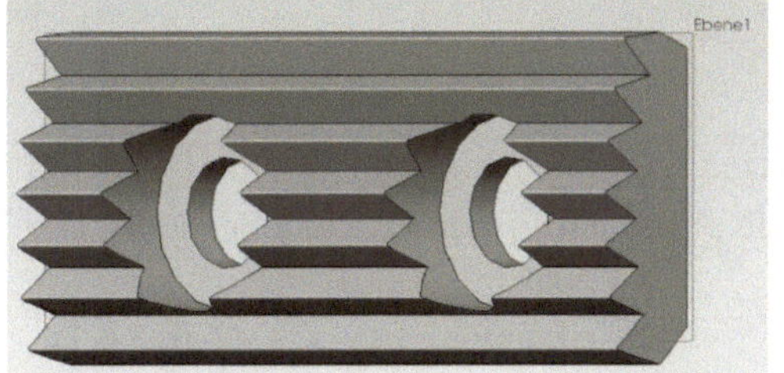

Bild 115 (gedreht)

In Bild 111 eine Skizze wie aufgeführt erstellen (siehe Bilder 19 bis 21). Dann Klick auf

dann die Kreise und grünen Haken anklicken.

Es erscheint Bild 112.

In Bild 112 Klick auf Fläche 1▲, dann Klick auf

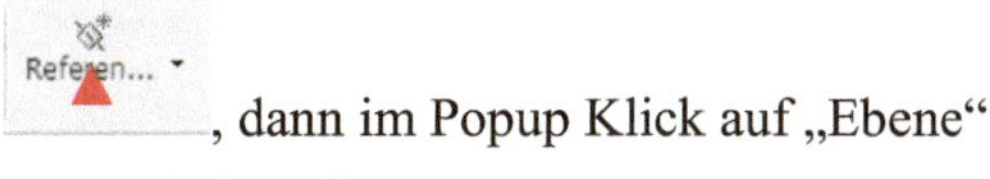

, dann im Popup Klick auf „Ebene"

Es erscheint Bild 113.

In Bild 113 D in 1.00 mm ändern, „Richtung umkehren" anklicken, dann auf grünen Haken klicken. Es erscheit die Ebene 1, von der die Bohrung 6 ∅ ihren Ursprung hat.

Jetzt in Bild 112 zwei Kreise ∅ 6 mit Mittelpunkt der Bohrungen 3,4 skizzieren.

Es erscheint Bild 114.

In Bild 114 Klick

und dann Klick auf grünen Haken.

Es erscheint Bild 115.

Die Ebene 1 blenden Sie aus. Durchführung: Wie für das Ausblenden der Skizze in den Bildern 49 und 50 beschrieben.

Das Druckstück ist jetzt fertig und wird im Ordner „Niederzugspanner" gespeichert.

Lagerbolzen konstruieren

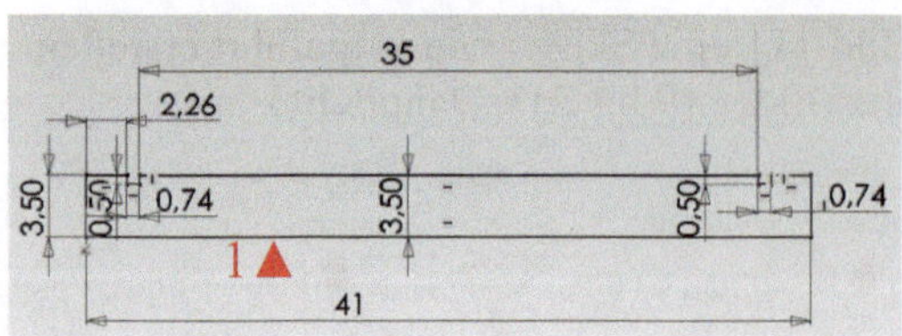

Bild 116

Skizzieren Sie wie gelernt die Skizze in Bild 116. Dann Klick

und auf Linie 1 ▲. Es erscheint Bild 117.

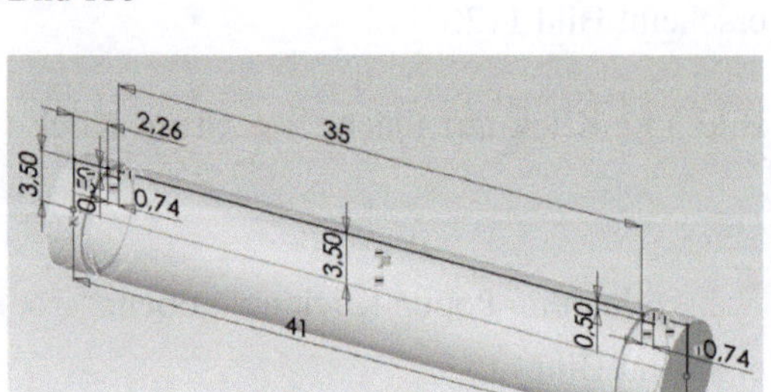

Bild 117

In Bild 117 Klick auf grünen Haken.

Es erscheint Bild 118.

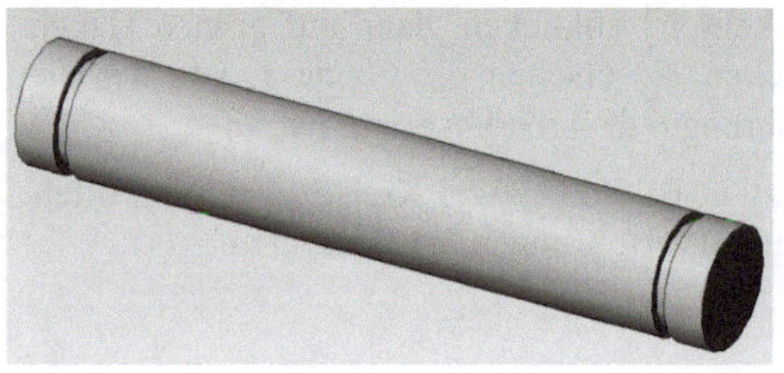

Bild 118

In Bild 118 eine Fase von 0,8 x 45° an beiden Bolzenenden wie in Bild 57 und 59 gelernt anbringen, es erscheint Bild 119.

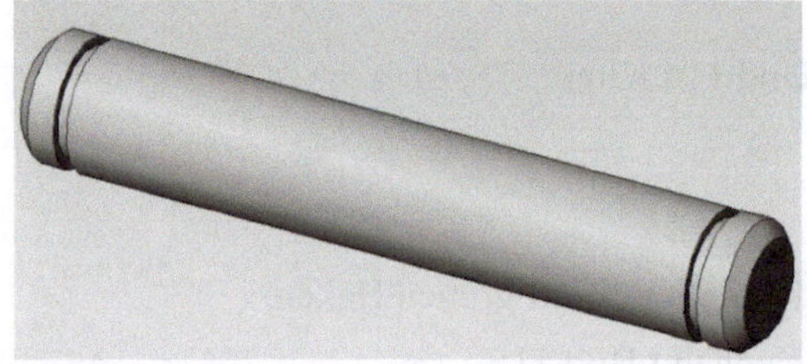

Bild 119

Der Lagerbolzen ist jetzt fertig und wird im Ordner „Niederzugspanner" gespeichert.

Tipp: Wenn die Skizze auf dem Bildschirm klein erscheint, wird diese wie folgt vergrößert.

Klick auf , dann mit dem Mauszeiger einen Rahmen um die Skizze ziehen und „Esc" auf der Tastatur drücken (mit drücken der Taste „Esc" wird jeder Vorgang beendet). Die Skizze wird größer.

Zurück mit Klick auf und drücken der Taste „Esc".

Druckplatte konstruieren

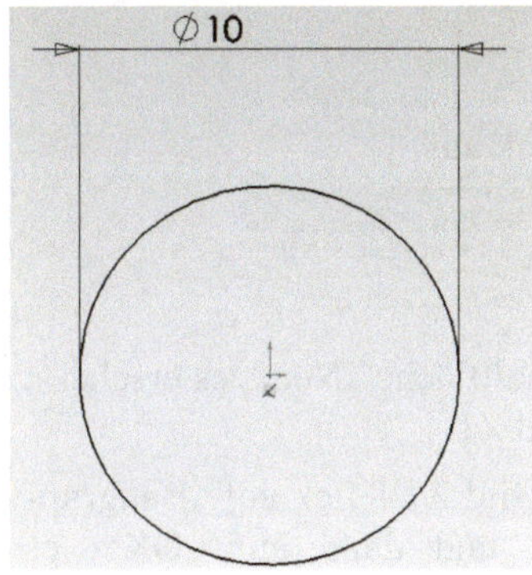

Bild 120

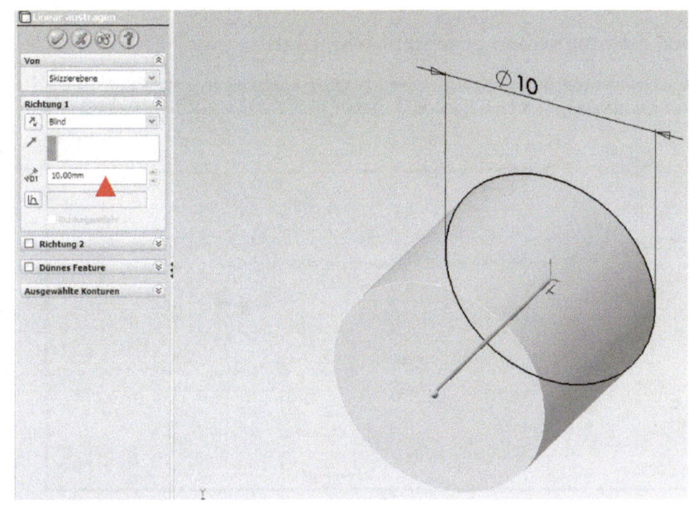

Bild 121

Skizzieren Sie wie gezeigt den Kreis in Bild 120. Dann Klick

Es erscheint Bild 121.

In Bild 121 „D1" in 2.00 mm ändern, dann Klick auf grünen Haken, es erscheint Bild 122.

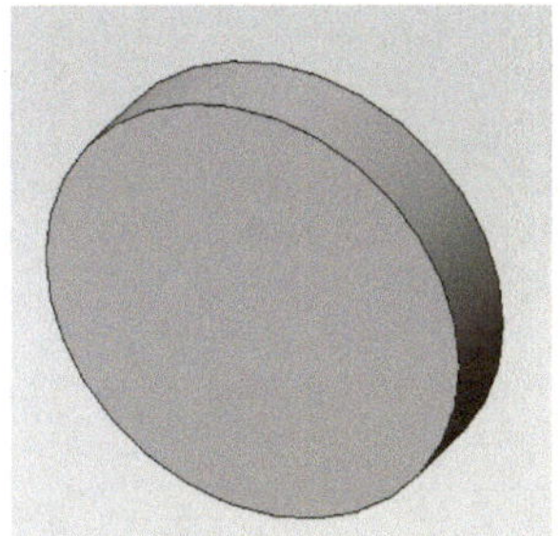

Bild 122

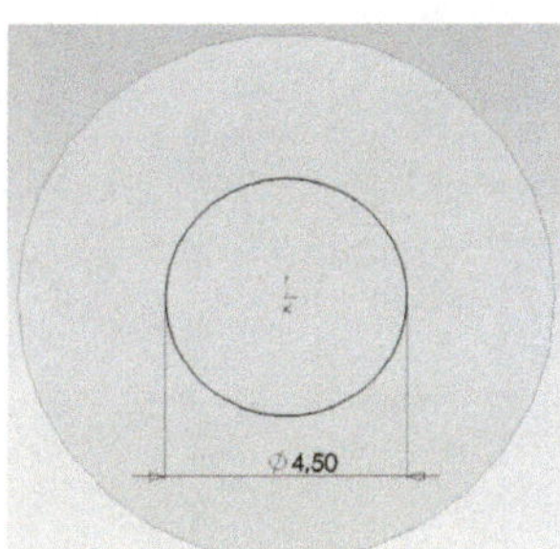

Bild 123

In Bild 122 Klick

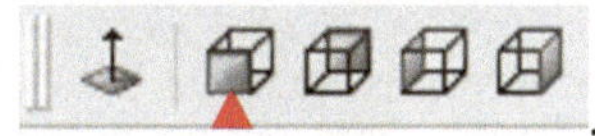,

dann Klick auf die Fläche, diese färbt sich grün, auf die Fläche einen Kreis im Mittelpunkt skizzieren, wie in Bild 123 gezeigt.

Es erscheint Bild 123.

In Bild 123 Klick auf

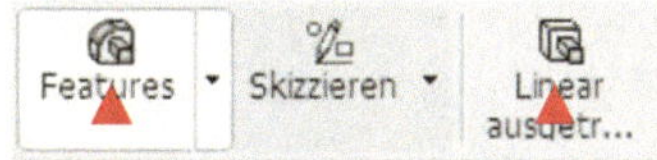,

D1 in 9.00 mm ändern, Klick auf grünen Haken, es erscheint Bild 124.

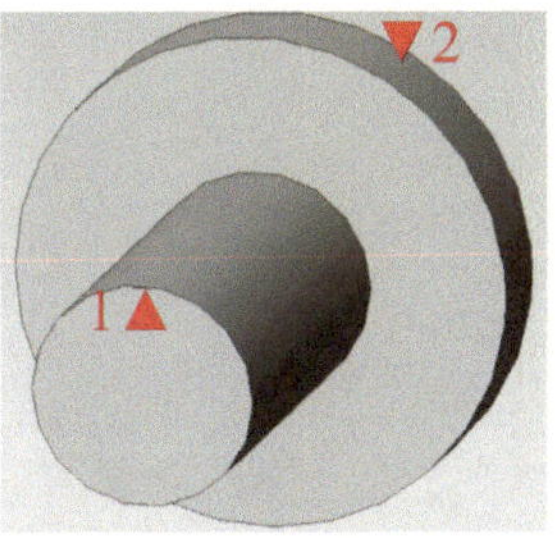

Bild 124 (gedreht)

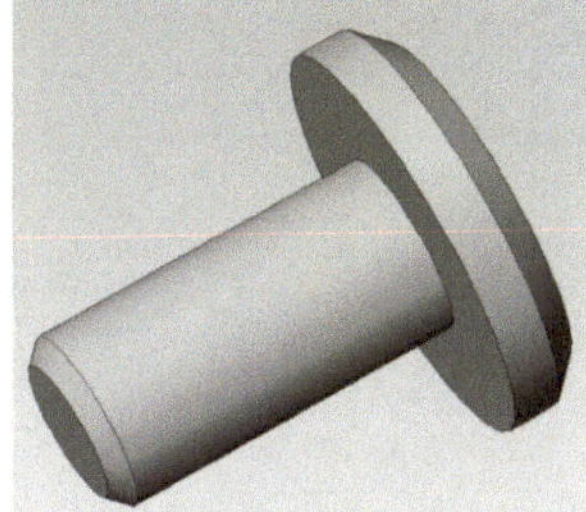

Bild 125 (gedreht)

In Bild 124 auf der Kante 1▲ eine Fase 0.5 x 45° und auf der Kante 2▼ eine Fase 0.8 x 45°, wie in Bild 57 und 59 gelernt anbringen, es erscheint Bild 125.

Die Druckplatte ist fertig und wird im Ordner „Niederzugspanner" gespeichert.

Zusammenbau (Montage)

Der Zusammenbau geschieht wie folgt:

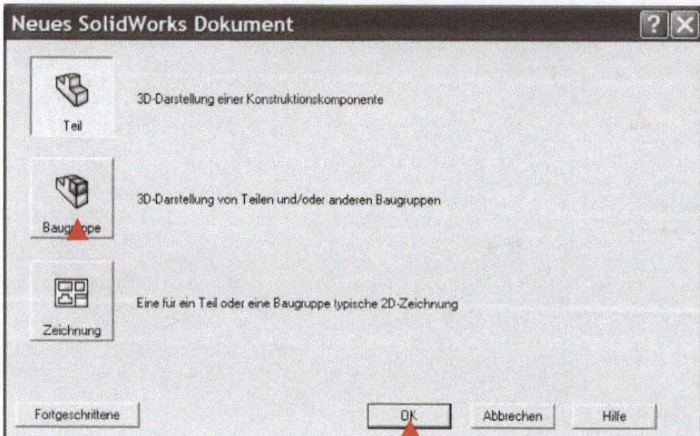

Bild Z1

Klick auf

Schaltfläche „Neu", es erscheint Bild Z1.

In Bild Z1 Klick auf „Baugruppe" und dann auf „OK", es erscheint Bild Z2.

In Bild Z2 Klick auf „Durchsuchen", es erscheint Bild Z3.

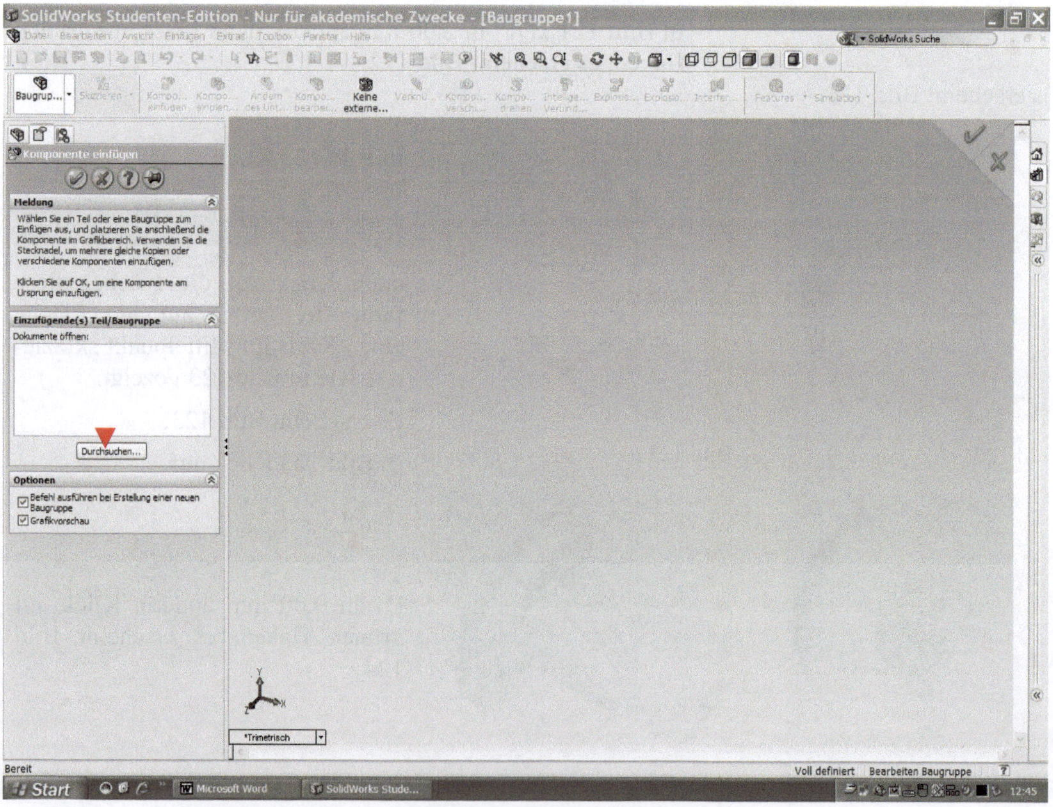

Bild Z2

Bild Z2 zeigt das Bild auf einem 19 Zoll – Bildschirm mit einer Auflösung von 1280 x 1024. Bei anderen Bildschirmgrößen und Auflösungen kann das Bild anders aussehen.

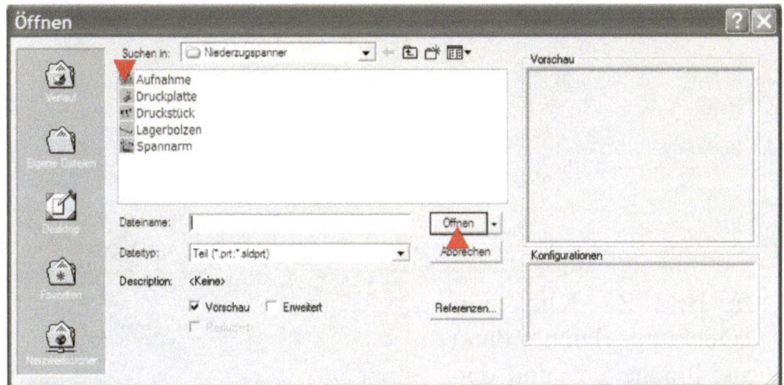

Bild Z3

In Bild Z3 Klick auf „Aufnahme" dann auf „Öffnen".

Mit dem Mauszeiger die Aufnahme in die Mitte der Arbeitsfläche ziehen, dann Klick:

Es erscheint Bild Z4.

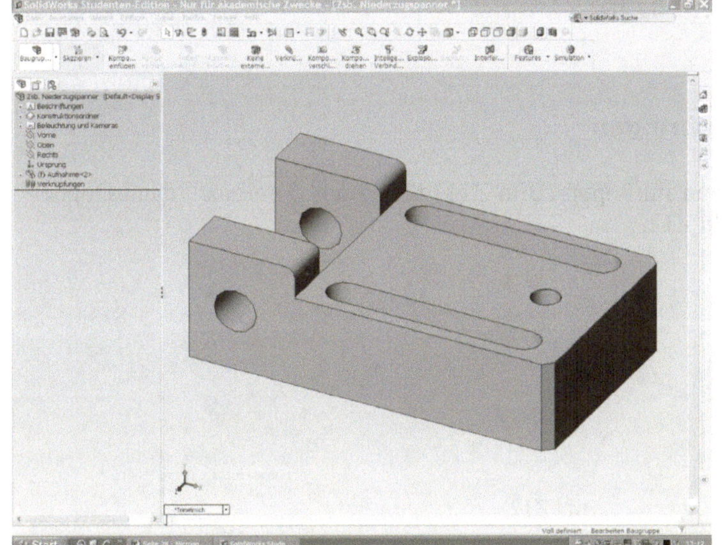

Bild Z4

In Bild Z4 Klick auf

Einfügen , dann im Pop-up auf „Komponente" und weiter nach rechts auf „Bestehende(s) Teil/-Baugruppe", dort Klick, dann wie in Bild Z2 auf „Durchsuchen" klicken.

Im jetzt erscheinenden Bild Z3 Druckplatte und dann „Öffnen" anklicken.

Die Druckplatte in die Nähe der Bohrung Ø 4,5 ziehen und Klick.

Es erscheint Bild Z5.

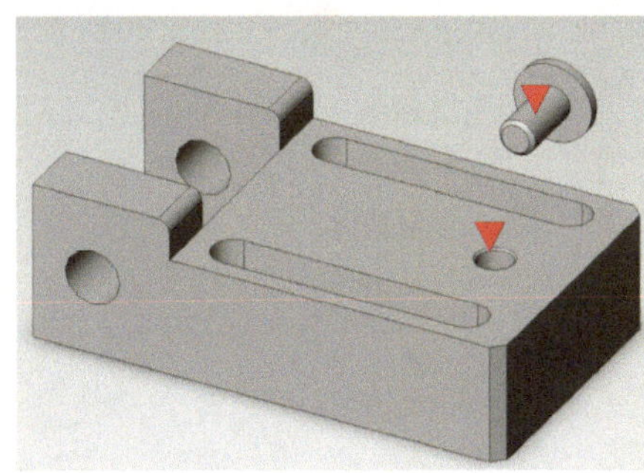

Bild Z5

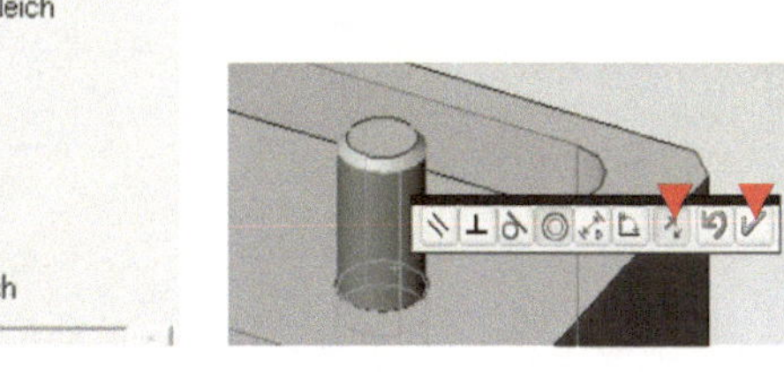

Bild Z6   Bild Z7

In Bild Z5 Klick auf  und

Verknü... . Es erscheint Bild Z6.

In Bild Z6 Klick auf „Konzentrisch", dann in Bild Z5 auf den Zapfen der Druckplatte und in die Bohrung Klick, es erscheint Bild Z7.

In Bild Z7 Klick auf „Umkehr" und grünen Haken, es erscheint Bild Z8.

In Bild Z8 Klick auf „Deckungsgleich", dann auf Fläche 1▼ und den Rand 2▲, dann auf grünen Haken. Es erscheint Bild Z9.

Bild Z8   Bild Z9

Befestigungsschrauben einbringen

In Bild Z10 Klick auf Pfeile, dann im Popup (Bild Z11) Klick auf „Toolbox", dann Doppelklick auf „DIN", es erscheint Bild Z12.

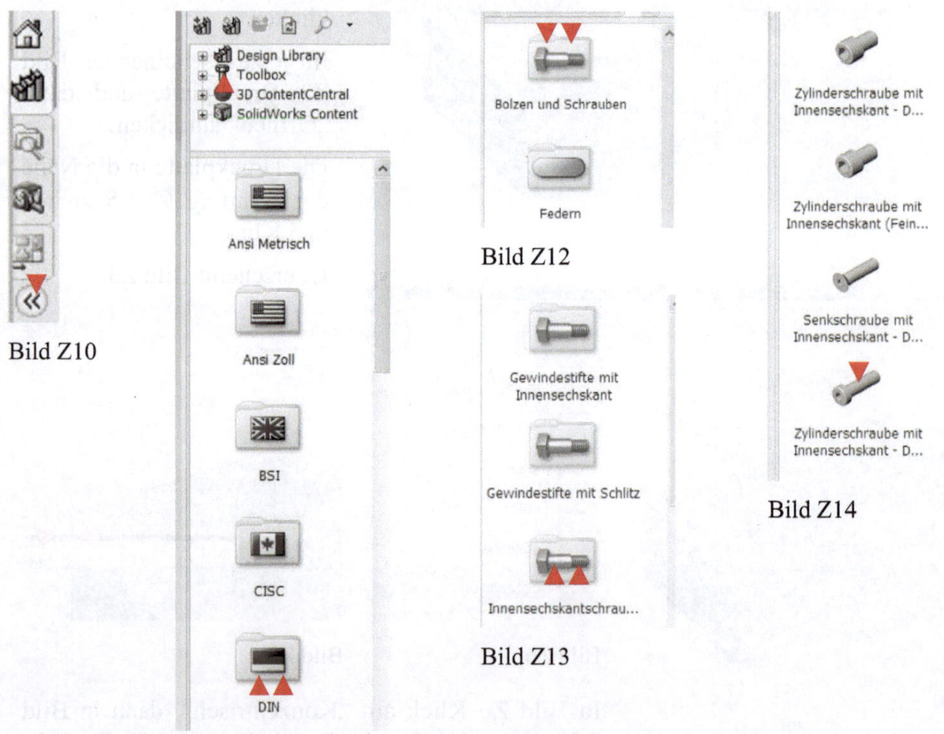

Bild Z10

Bild Z11

In Bild Z12 Doppelklick auf „Bolzen und Schrauben", es erscheint Bild Z13, dort Doppelklick auf „Innensechskantschr". Es erscheint Bild Z14.

In Bild Z14 Klick auf „Innensechskantschr", die linke Maustaste festhalten und die Schraube in Aufnahme ziehen, Klick wie im Bild Z15 gezeigt, es erscheint rechts Bild Z16.

In Bild Z16 die Parameter wie aufgeführt einstellen dann Klick auf grünen Haken. Am Mauszeiger erscheint die Schraube, diese in die Radien der Löcher ziehen und Klick, wie in Bild Z17 gezeigt.

Beenden mit „Esc".

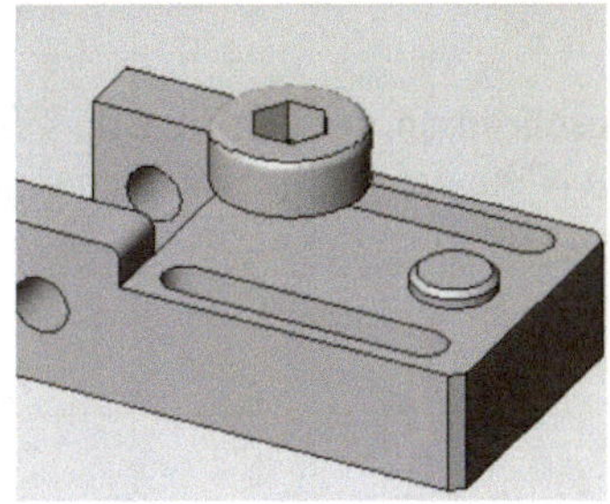

Bild Z15

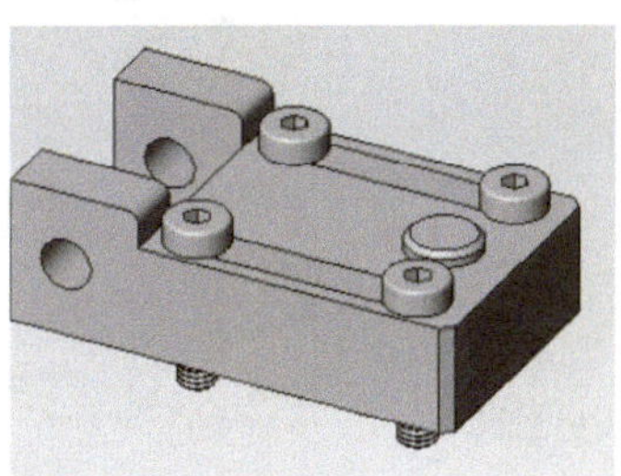

Bild Z17

Bild Z16

Spannarm montieren

Durchführung: Wie im Bild Z4 beschrieben, jedoch in Bild Z3 Spannarm anklicken und „Öffnen" anklicken. Spannarm in die Nähe der Aufnahme ziehen. Wie in Bild Z18 gezeigt Klick.

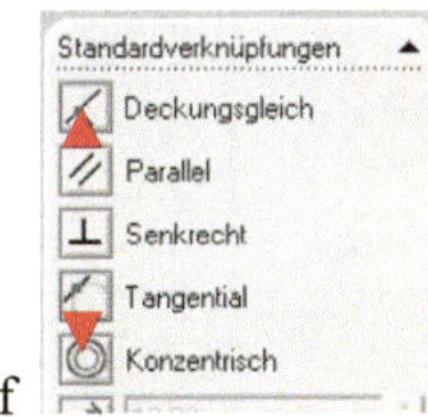

Dann auf [Baugrup...], auf [Verknü...] und auf je ein Klick, jetzt auf Spannarm 1▲ und auf die Kante der Aufnahme 2▲ je ein Klick. Dann auf „Konzentrisch" und in die Bohrung des Spannarms 3▲ und der Aufnahme 4▲ je ein Klick, dann auf grünen Haken Doppelklick.

Es erscheint Bild Z19.

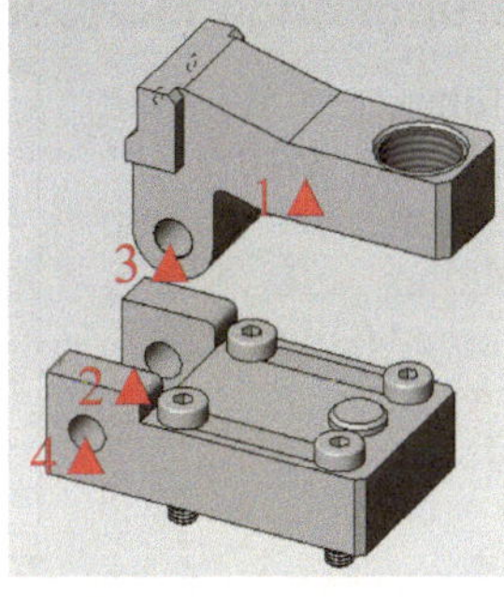

Bild Z18

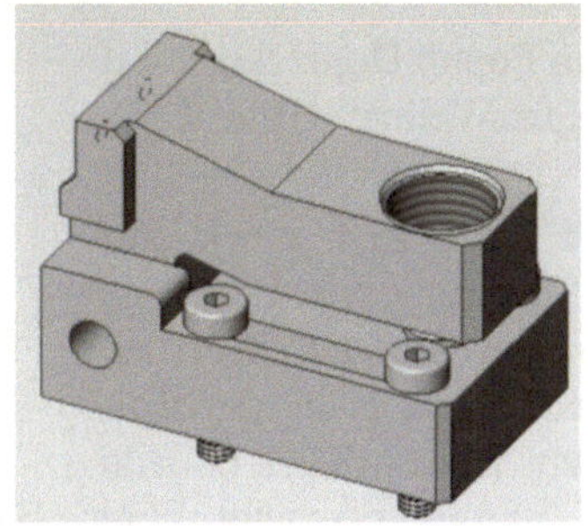

Bild Z19

Lagerbolzen montieren

Durchführung: Wie in Bild Z4 beschrieben, jedoch in Bild Z3 erst Lagerbolzen, dann „Öffnen“ anklicken. Lagerbolzen in die Nähe der Aufnahme ziehen. Wie in Bild Z20 gezeigt Klick.

Dann auf 
Baugrup...
, auf 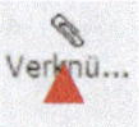
Verknü...
und auf 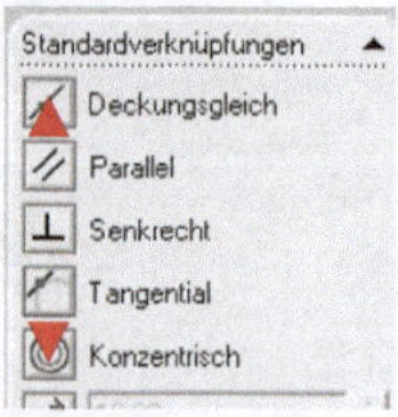
Standardverknüpfungen
Deckungsgleich
Parallel
Senkrecht
Tangential
Konzentrisch
je ein Klick, es erscheint Bild Z21, jetzt auf den ∅ 1▼ und in die Bohrung 2▲ je ein Klick, dann auf grünen Haken Klick.

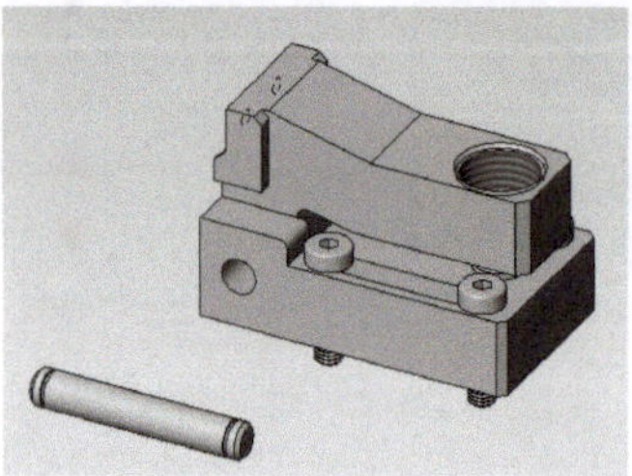

Bild Z20

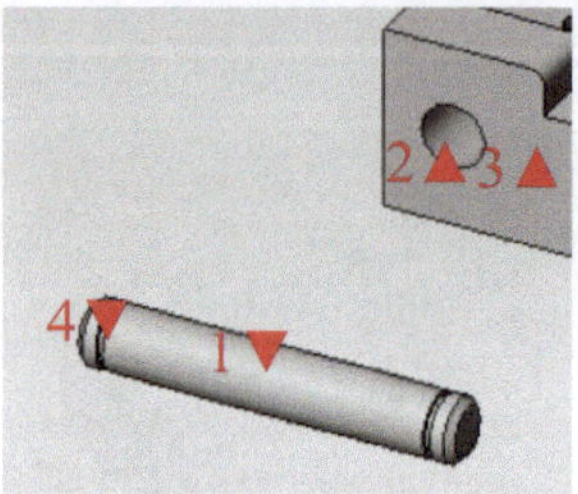
2▲3▲
4▼
1▼

Bild Z21

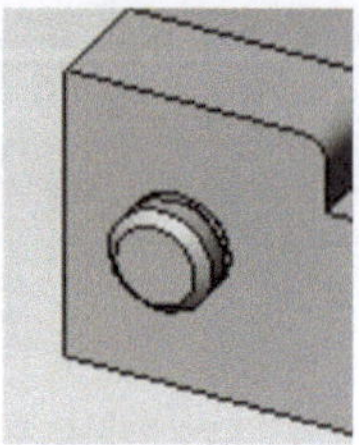

Bild Z22

Dann auf „Deckungsgleich“ auf Fläche 3▲ und auf die Innenkante der Nut 4▼ je ein Klick, es erscheint Bild Z22. Der Lagerbolzen ist montiert.

Sicherungsringe montieren

Durchführung: Wie in den Bildern Z10 + Z11 beschrieben. Im Popup Doppelklick auf „Sicherungsringe“ (Bild Z22).

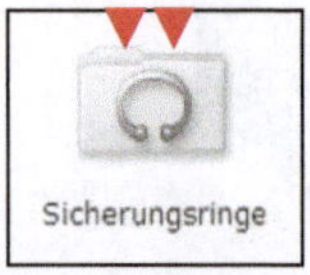
Sicherungsringe

Es erscheint Bild Z23.

Im Popup Doppelklick auf „Für Wellen“ (Bild Z23). Es erscheint Bild Z24.

In Bild Z24 Klick auf „Sicherungsscheibe“, linke Maustaste festhalten und in die Nähe des Bolzens ziehen, Klick (s. Bild Z26). Es erscheint Bild Z25.

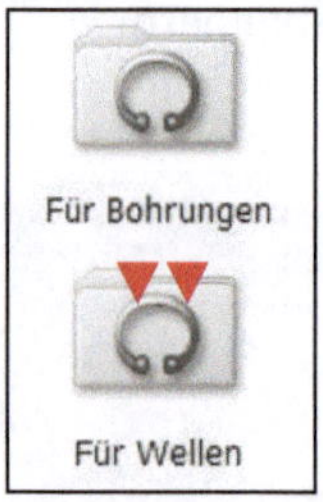
Für Bohrungen
Für Wellen

Bild Z23

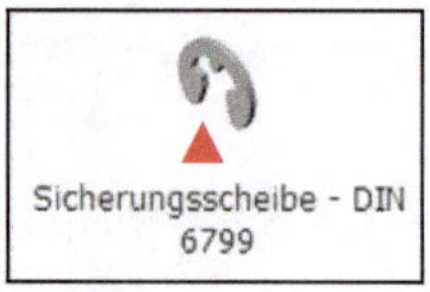
Sicherungsscheibe - DIN 6799

Bild Z24

In Bild Z25 die Parameter wie aufgeführt einstellen. Dann Klick auf grünen Haken. Am Mauszeiger erscheint der Sicherungsring, diesen auf die andere Seite des Bolzens ziehen, Klick und „Esc“ (siehe Bild Z26).

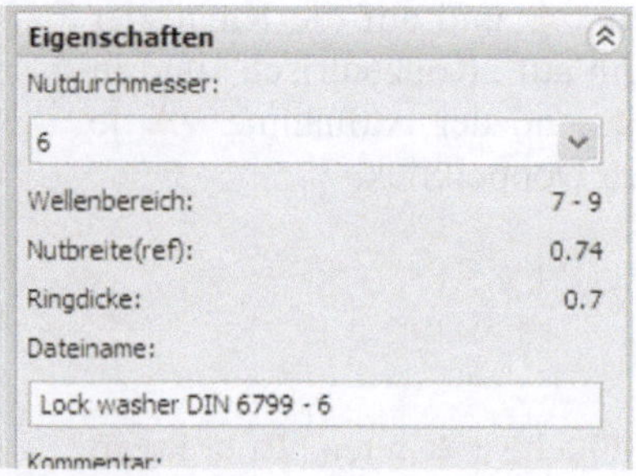
Eigenschaften
Nutdurchmesser:
6
Wellenbereich: 7 - 9
Nutbreite(ref): 0.74
Ringdicke: 0.7
Dateiname:
Lock washer DIN 6799 - 6
Kommentar:

Bild Z25

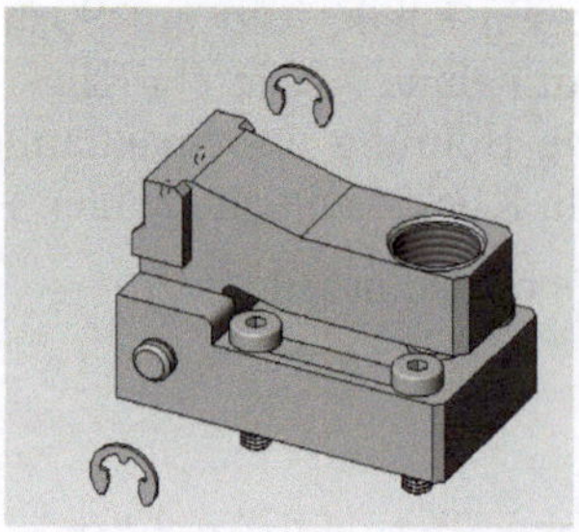

Bild Z26

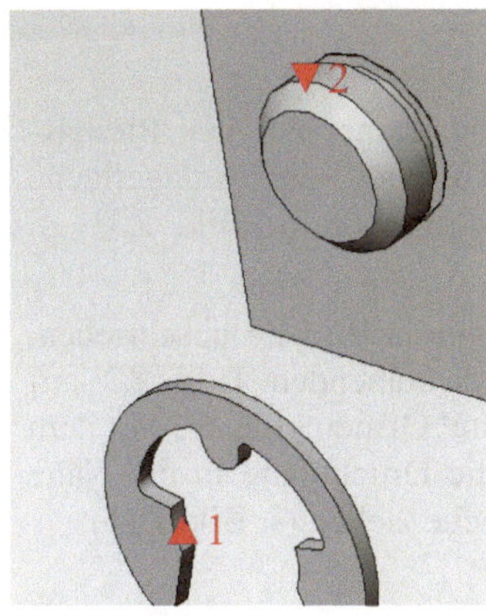

In Bild Z27 (Bild Z26 vergrößert)

Klick auf Baugrup..., auf Verknü... und auf „Konzentrisch", dann Klick in den Radius ▲1 und auf den Durchmesser ▼2, die Sektoren färben sich grün und die Sicherungsscheibe fährt ins Zentrum des Lagerbolzens.

Es erscheint Bild Z28, dort Klick auf grünen Haken.

Bild Z27

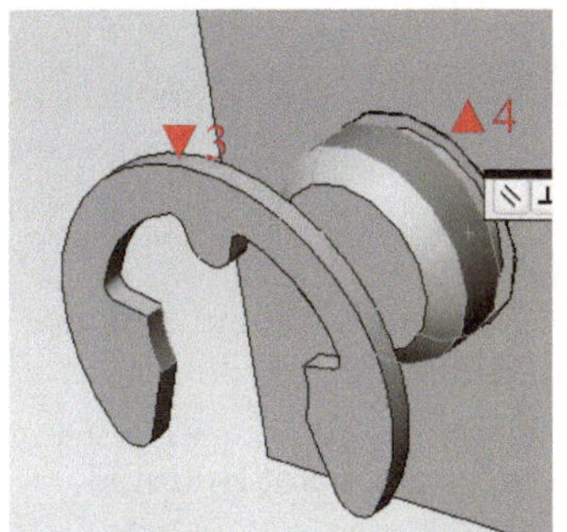

In Bild Z28 Klick auf „Deckungs-gleich", dann Klick auf den zur Auf-nahme zeigenden Rand der Siche-rungsscheibe ▼3 und auf die Fläche der Aufnahme ▲4

Es erscheint Bild Z29, dort Klick auf grünen Haken. Die erste Sicherungs-scheibe ist montiert.

Bild Z28

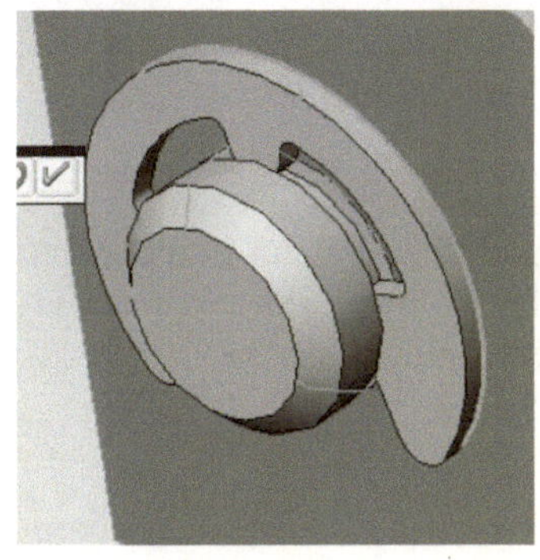

Bild Z29

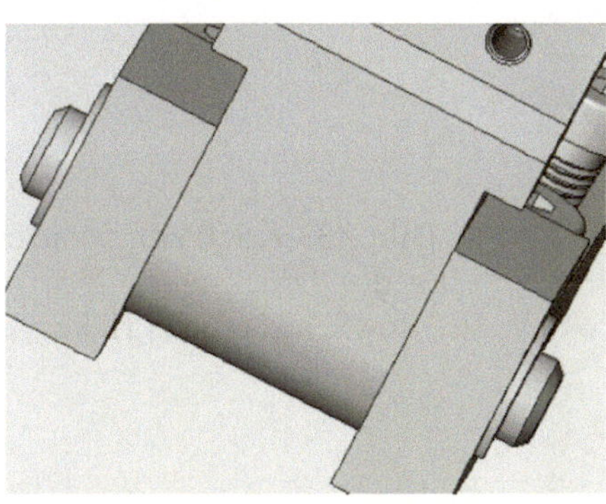

Bild Z30 (gedreht)

Für die Montage der zweiten Sicherungsscheibe muss der Niederzugspanner auf dem Bild-schirm mit den Pfeiltasten so gedreht werden, dass ein ähnliches Bild wie in Bild Z27 gezeigt erscheint.

Die Durchführung sollte wie in den Bildern Z27 und Z28 beschrieben erfolgen.

Es erscheint Bild Z30. Beide Sicherungsscheiben sind montiert.

Druckstück montieren

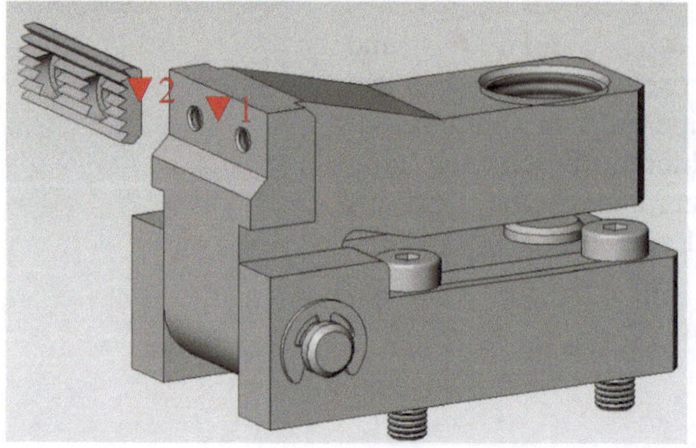

Bild Z31

Den Niederzugspanner mit den Pfeiltasten so drehen, dass die Anlagefläche nach rechts zeigt wie in Bild Z31 zu sehen.

Dann weiter wie in Bild Z4 beschrieben, jedoch im erscheinenden Bild Z3 auf Druckplatte und Öffnen klicken. Mit dem Mauszeiger die Druckplatte in die Nähe der Anlagefläche ziehen (s. Bild Z31).

In Bild Z31 Klick auf ![Baugrup...], auf ![Verknü...] und auf ![▲5], dann Klick auf Anlagefläche ▼1 und auf die Kante des Druckstückes bei ▼2, es erscheint Bild Z32.

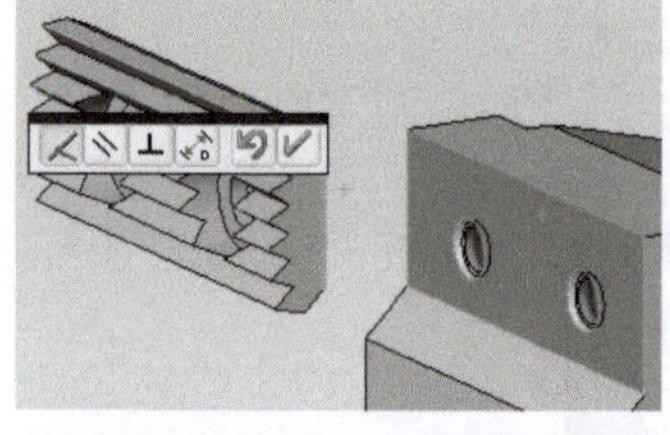

Bild Z32

In Bild Z32 Klick auf grünen Haken, es erscheint Bild Z33.

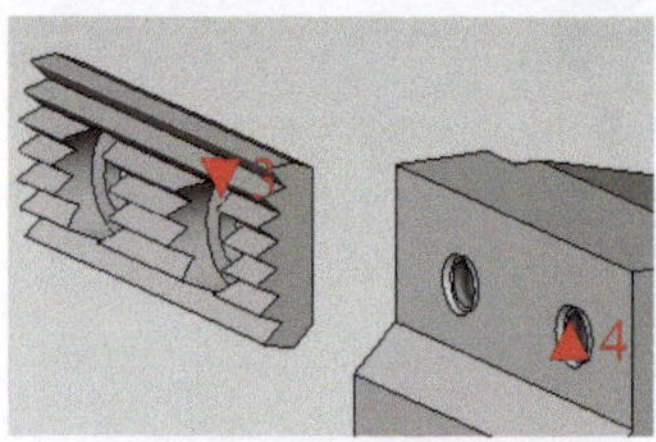

Bild Z33

In Bild Z33 Klick auf „Konzentrisch" ▲5 , dann in die Bohrung des Druckstücks ▼3, in die Bohrung des Spannarms ▲4 sowie auf grünen Haken, es erscheint Bild Z34.

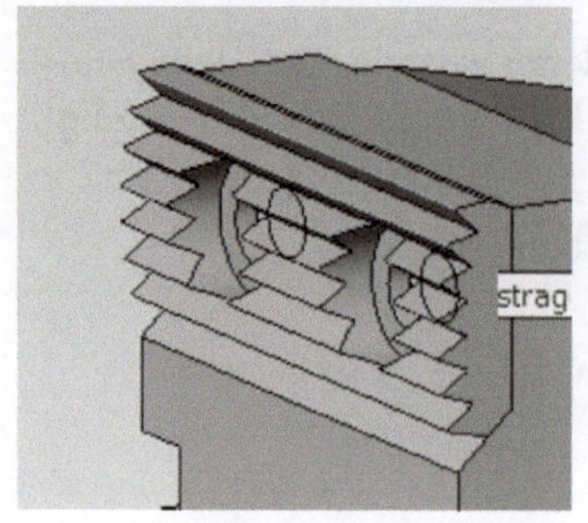

Bild Z34

In Bild Z34 ist das Druckstück montiert.

Befestigungsschrauben für Druckstück einbringen

Durchführung: Wie in den Bildern Z10 bis Z12 beschrieben. Im erscheinenden Bild Z35 Doppelklick auf „Kreuzschlitz-Senkschr.".

Es erscheint Bild Z36.

In Bild Z36 Klick auf „Flachkopfschraube mit Kreuzschlitz", die linke Maustaste festhalten und die Schraube in die Bohrung des Druckstücks ziehen; Klick, wie in Bild Z37 gezeigt.

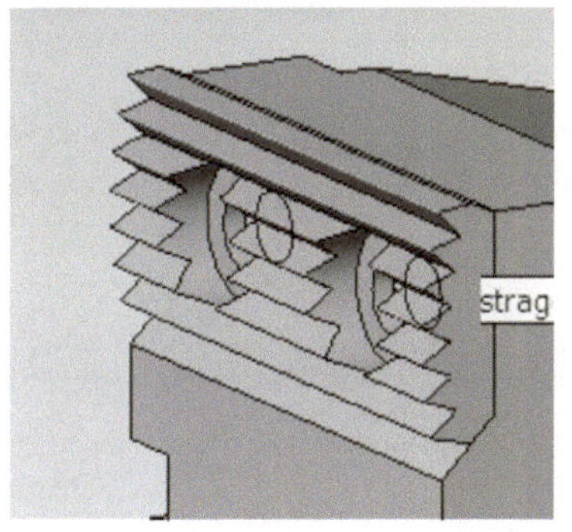

Bild Z34

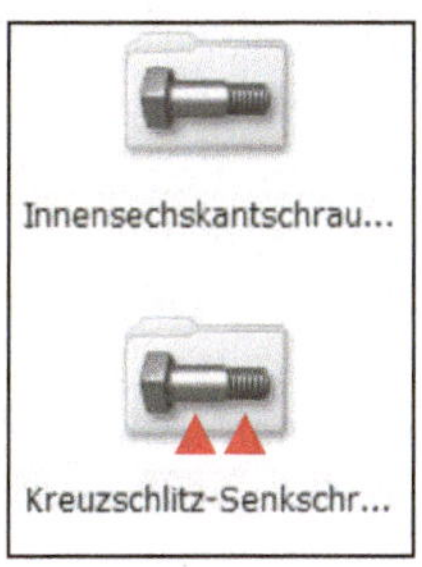

Bild Z35

Bild Z36

Es erscheint Bild Z38. In Bild Z38 die Parameter wie aufgeführt eingeben, Klick auf grünen Haken.

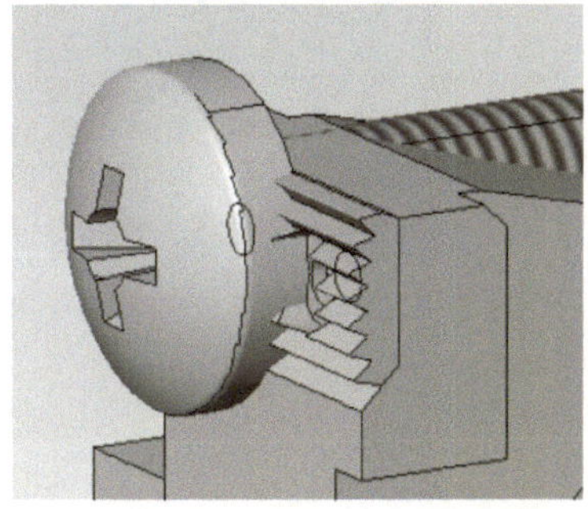

Bild Z37

In Bild Z37 ändert sich die Schraube, wie in Parameter angegeben und am Mauszeiger erscheint die zweite Schraube, diese in die zweite Bohrung ziehen, Klick und „Esc" drücken.

Es erscheint Bild Z39.

Die Befestigungsschrauben sind montiert.

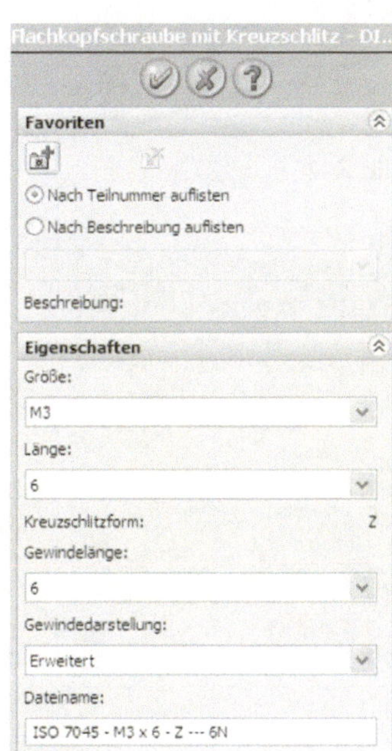

Bild Z38

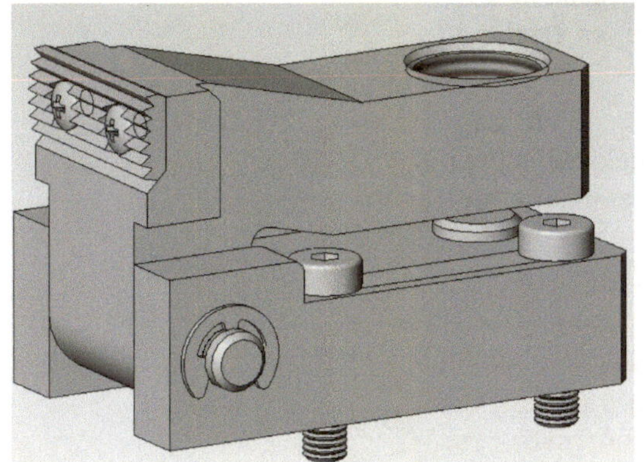

Bild Z39

Ein Teil aus dem Zusammenbau heraus ändern

In Bild Z39 Klick auf . Es erscheint Bild Z40 (Ausschnitt).

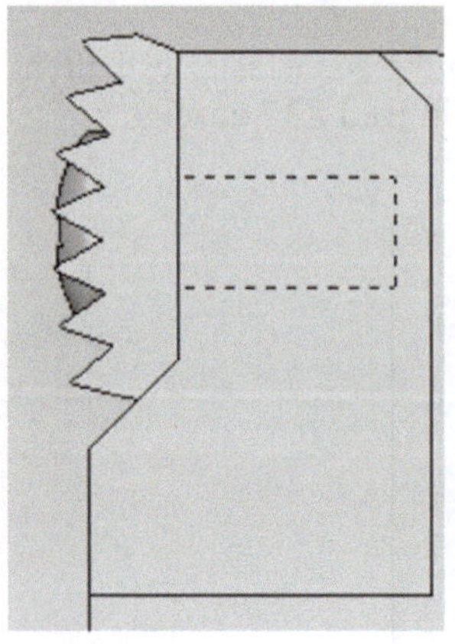

Bild Z40

In Bild Z40 sieht man, dass die Schraubenköpfe über die Spitzen des Druckstücks hinaus stehen. Die Anlagefläche der Schrauben muss geändert werden.

Durchführung: Im Feature Manager (Bild Z41) mit der rechten Maustaste Klick auf Druckstück, im Popup Klick auf „Teil öffnen", es erscheinen Bilder Z42 und Z43.

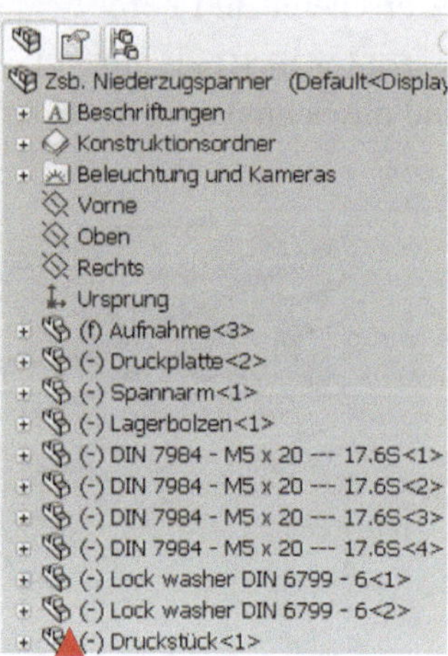

Bild Z41

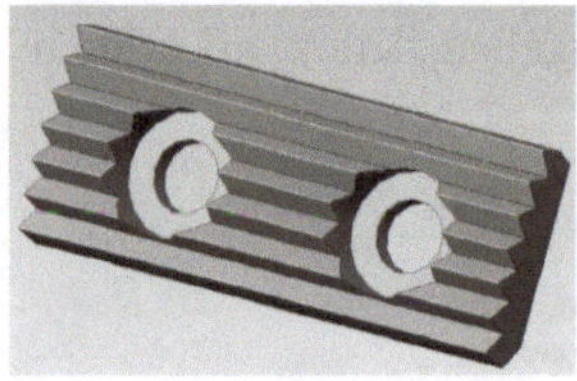

Bild Z42

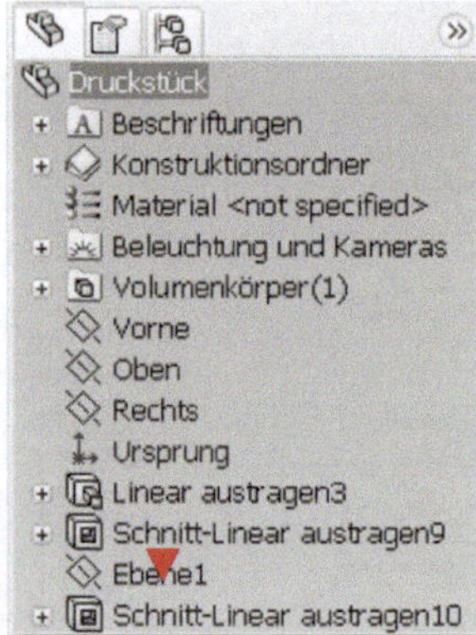

Bild Z43

In Bild Z43 mit der rechten Maustaste Klick auf „ Ebene 1", im Popup Klick auf „Feature bearbeiten", es erscheint Bild Z44.

In Bild Z44 „D" ändern in 0.8, dann Klick auf grünen Haken. Die Anlagefläche ist geändert und das Druckstück muss zurück in den Zusammenbau.

Durchführung: Klick auf

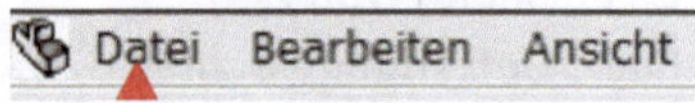

im Popup Klick auf „Schließen" und in allen nachfolgenden Bildern „Ja" anklicken, es erscheint Bild Z45.

In Bild Z45 ist ersichtlich, dass die Spitzen des Druckstücks über die Schraubenköpfe hinaus stehen.

Hinweis: Bei SolidWorks kann man aus dem Zusammenbau heraus ändern. Denn erst beim Zusammenbau stellt man fest, ob Einzelteile zueinander passen.

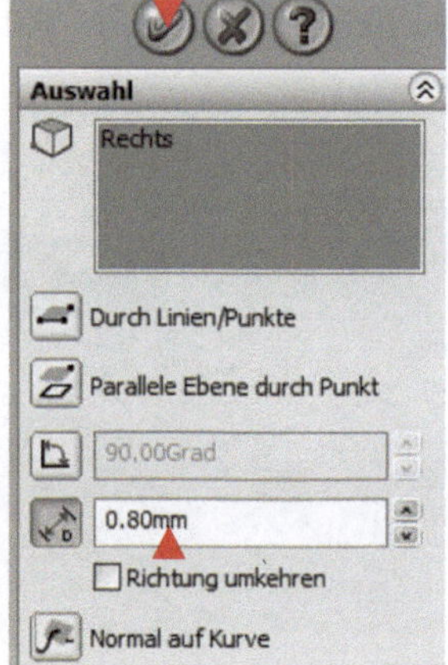

Bild Z44

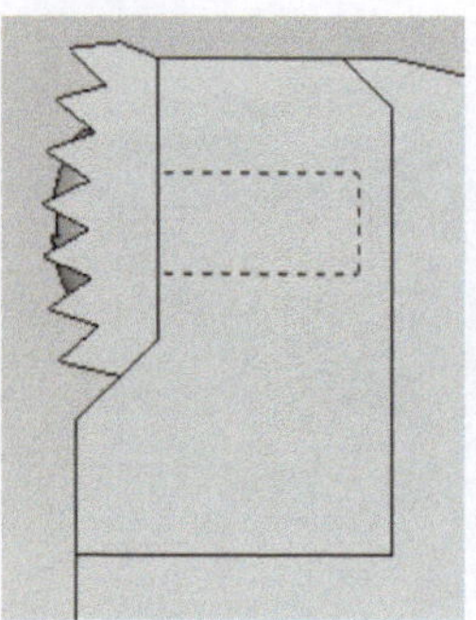

Bild Z45

Spannzylinder einbringen

Durchführung: Wie in Bild Z4 gezeigt, jedoch im erscheinenden Bild Z46 (Bild Z3). Doppel-klick auf Ordner, es erscheint Bild Z47.

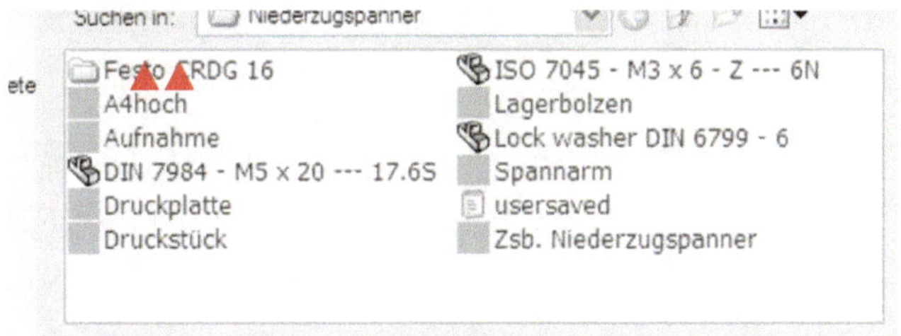

Bild Z46

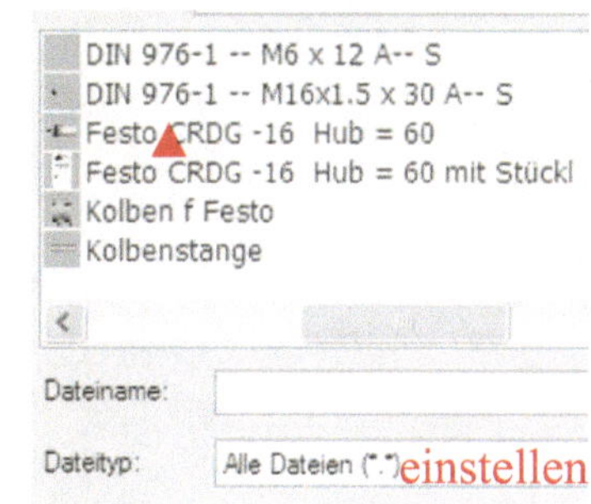

Bild Z47

In Bild Z47 Klick auf „Festo CRDG" und auf „Öffnen". Den erscheinenden Zylinder in die Nähe des Niederzugspanners ziehen (Bild Z48).

Bild Z48

In Bild Z48 Klick auf  und auf „Konzentrisch", dann Klick auf $\emptyset$▼1 und Innengewinde▼2, es erscheint Bild Z49. In Bild Z49 Klick auf grünen Haken, dann auf „Deckungsgleich", dann Klick auf Fläche 3▼ und auf Rand 4▲, es erscheint Bild Z50.

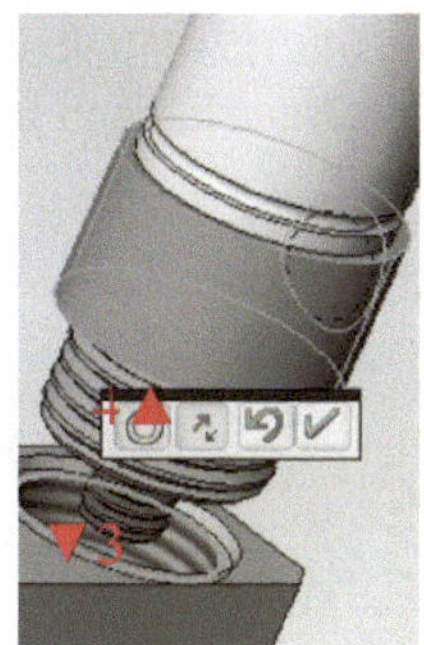

Bild Z49

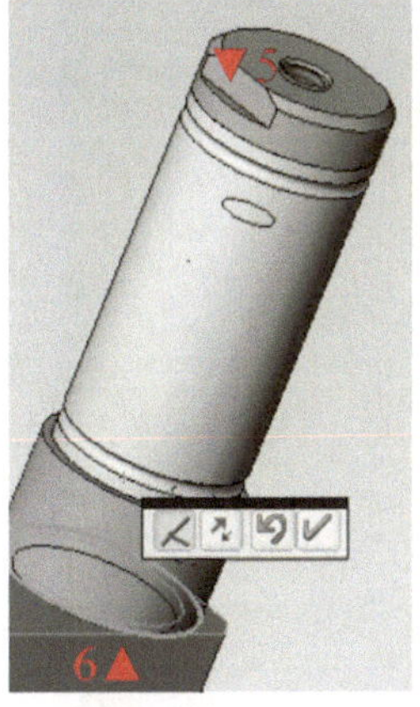

Bild Z50

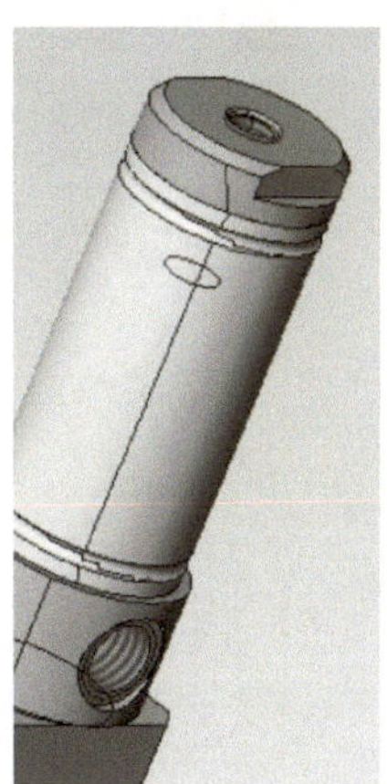

Bild Z51

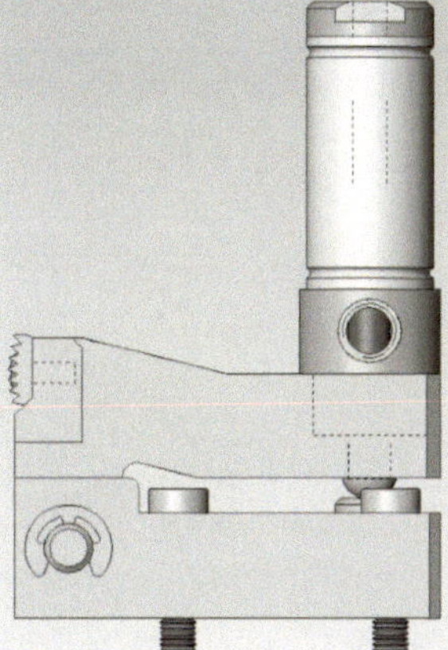

Bild Z52

In Bild Z50 Klick auf grünen Haken, dann auf Fläche 5▼ und auf die Fläche des Spannarms 6▲, dann auf „Parallel", es erscheint Bild Z51 (der Zylinder ist gedreht). Bild Z52 zeigt den komplett montierten Niederzugspanner.

Niederzugspanner farbig gestalten

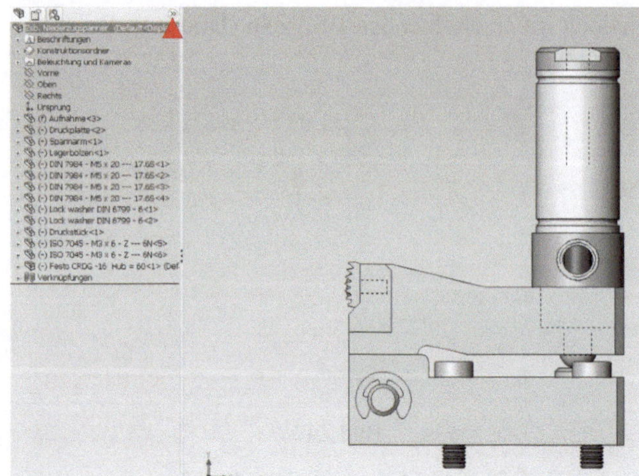

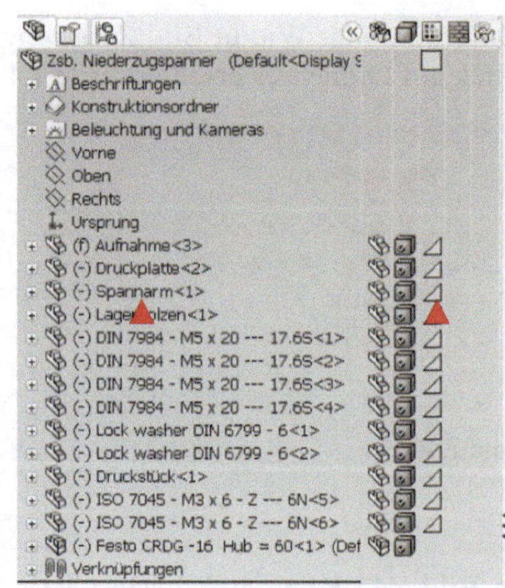

Bild Z53   Bild Z54

In Bild Z53 Klick auf Pfeile, es erscheint Bild Z54. In Bild Z54 Klick auf „Spannarm" und auf das Dreieck, dann im Popup auf Farbe, es erscheint die Farbtabelle (Bild Z55).

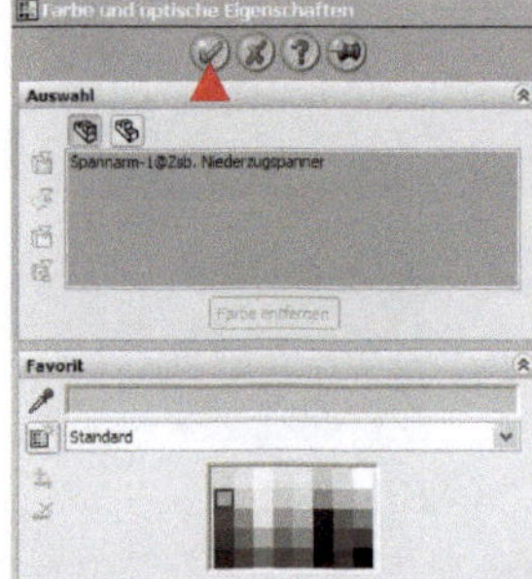

In Bild Z55 klicken Sie auf ein Farbquadrat Ihre Wahl, dann auf den grünen Haken. Der Spannarm färbt sich in die von Ihnen gewünschte Farbe.

Den Vorgang in Bild Z54 und Z55 wiederholen Sie auch für die Aufnahme.

Der Niederzugspanner sollte wie in Bild Z56 gezeigt aussehen.

Bild Z55

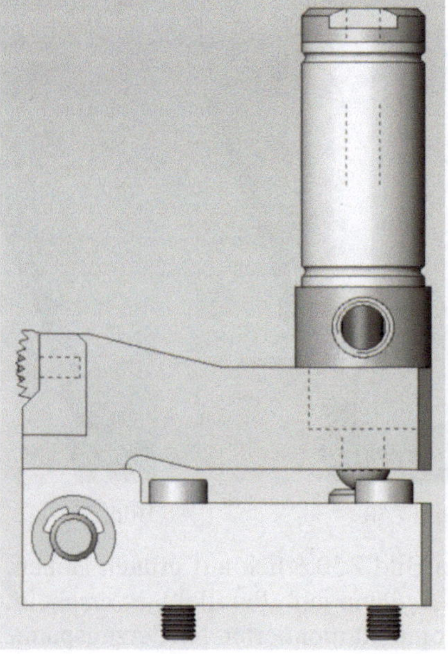

Bild Z56

Niederzugspanner im Schnitt zeigen

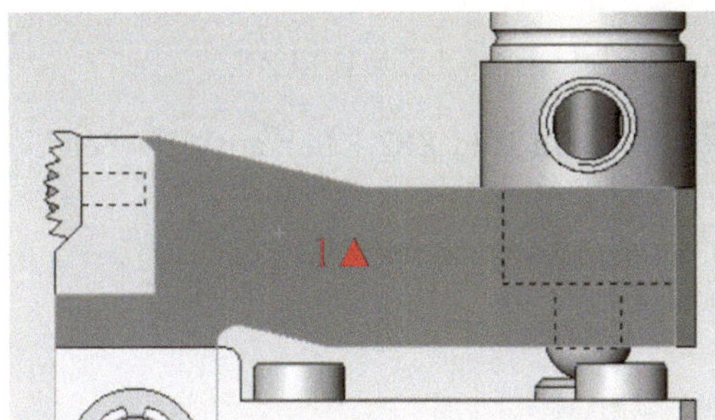

Bild Z57

Bild Z58

Um ein Teil zu schneiden, muss eine Schnittebene erstellt werden.

Durchführung: In Bild Z57 Klick auf Fläche 1▲ des Spannarms, dann Klick auf „Ebene" 2▼, im erscheinenden Bild Z58 „D"3▼ in 9.5 ändern (dies ist die Mitte des Spannarms), dann Klick auf „Richtung umkehren" 4▼ (die Ebene liegt jetzt in der Mitte). Weiter mit Klick auf

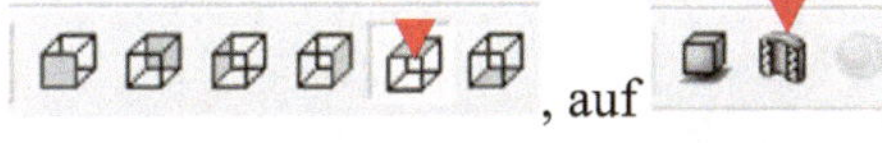, auf 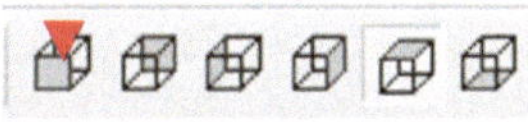, auf grünen Haken und auf .

Es erscheint Bild Z59.

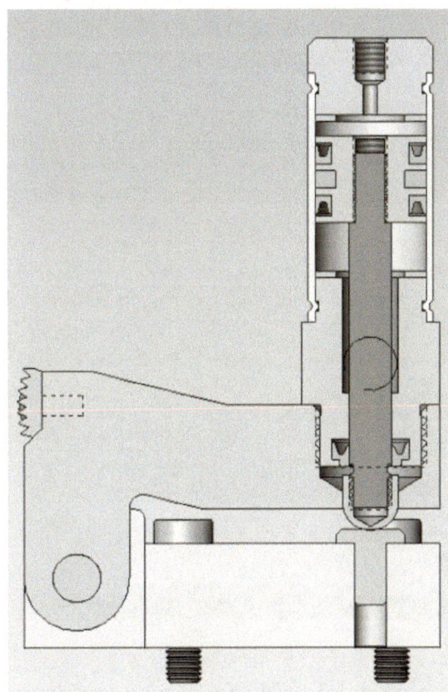

Bild Z59

Wenn man einen Schnitt sehen will, muss man immer eine Schnittebene erstellen. Zum Beispiel, um zu erkennen, ob der Lagerbolzen richtig montiert ist.

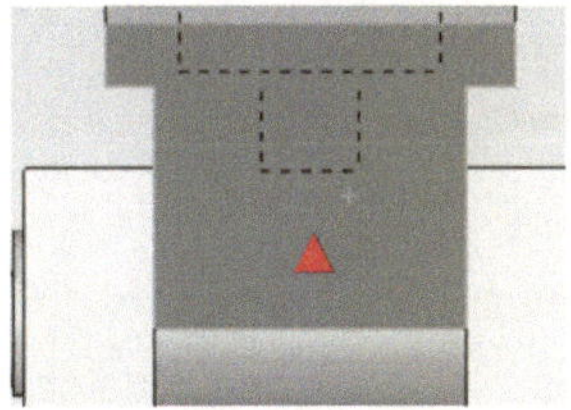

Bild Z60

Durchführung: Klick auf die Stirnfläche des Spannarms (Bild Z60), dann eine Ebene wie oben gezeigt erstellen „D" 7.6 und anschließend schneiden wie oben, es erscheint Bild Z61.

Zurück kommt man mit Klick auf .

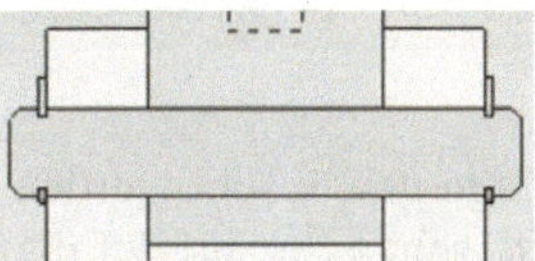

Bild Z61

Stückliste erstellen

So wird es durchgeführt: Klick auf  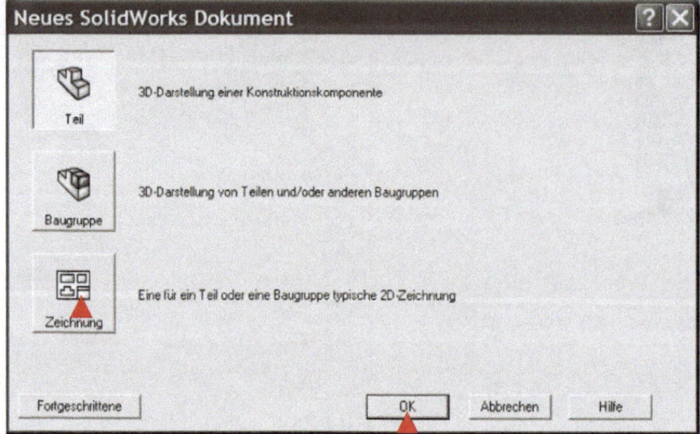 Schaltfläche „Neu", es erscheint Bild Z62.

In Bild Z62 Klick auf „2D-Zeichnung" dann auf „OK".

Es erscheint Bild Z63.

Bild Z62

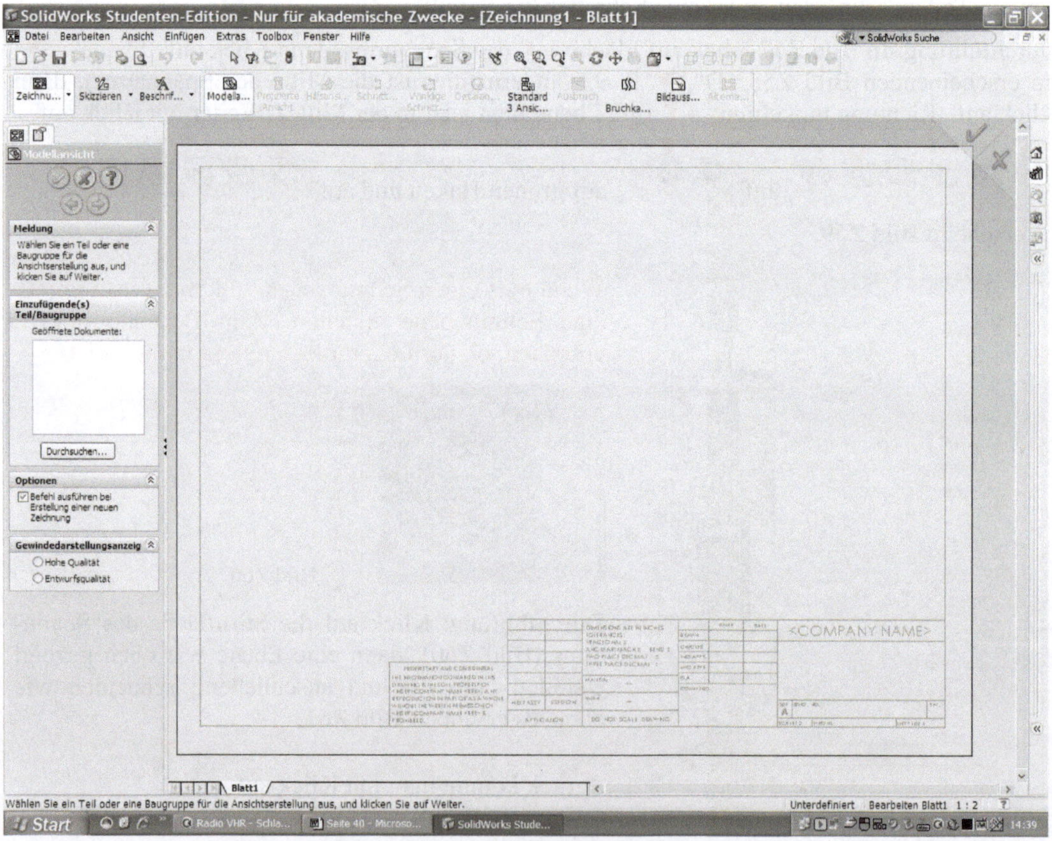

Bild Z63

Sollte eine andere Zeichenvorlage gewünscht werden, kann eine solche wie folgt geladen werden. Wie die neue geladen wird, sehen Sie auf der nächsten Seite.

Zeichenvorlage laden

Klick auf **Datei Bear** und im Popup auf „Öffnen", es erscheint Bild Z64.

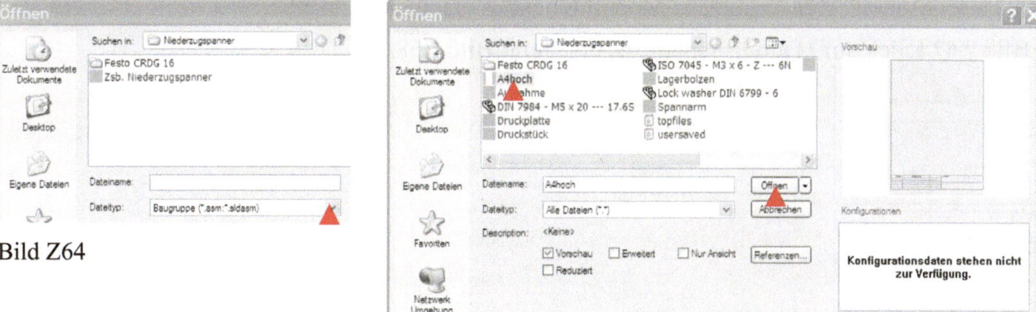

Bild Z64

Bild Z65

In Bild Z64 Klick auf Pfeil und im Popup auf „Alle Dateien", es erscheint Bild Z65. In Bild Z65 Klick auf „A4hoch" und auf „Öffnen", es erscheint Bild Z66.

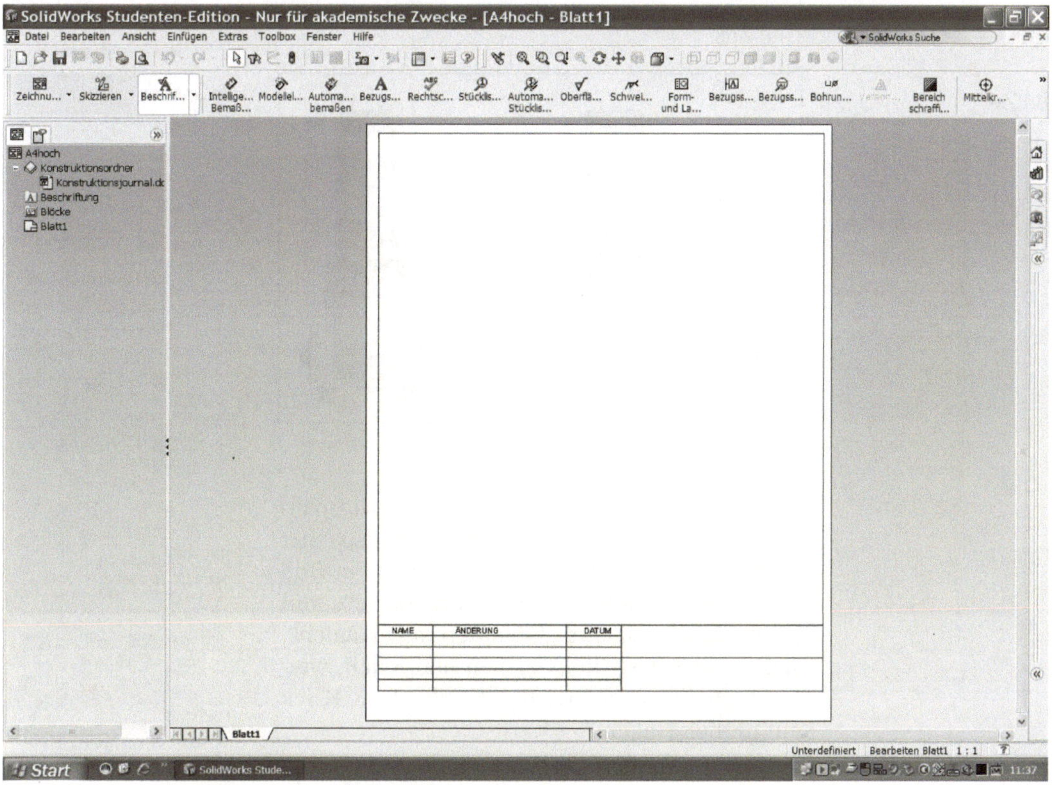

Bild Z66

Wenn auf Ihrem Bildschirm die Symbolleisten fehlen, so aktivieren Sie diese, wie in Bild 5 gelernt.

Teil in Zeichenvorlage ziehen

So wird es durchgeführt: Klick auf Einfügen , im Popup auf „Zeichenansicht", dann nach rechts auf „Modell" ziehen und auf Modell Klick, es erscheint Bild Z67.

In Bild Z67 Klick auf „Durchsuchen", es erscheint Bild Z68.

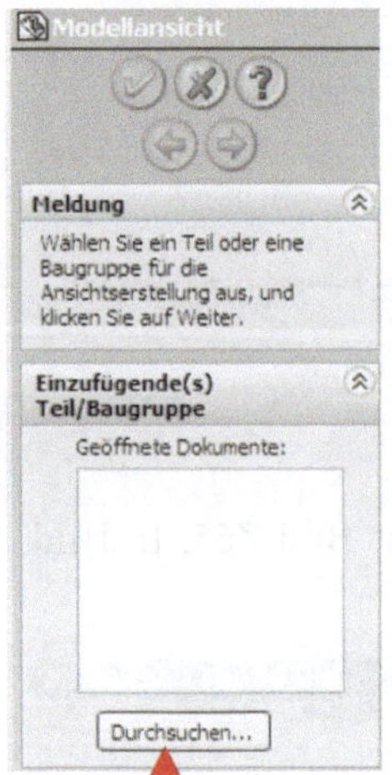

Bild Z67

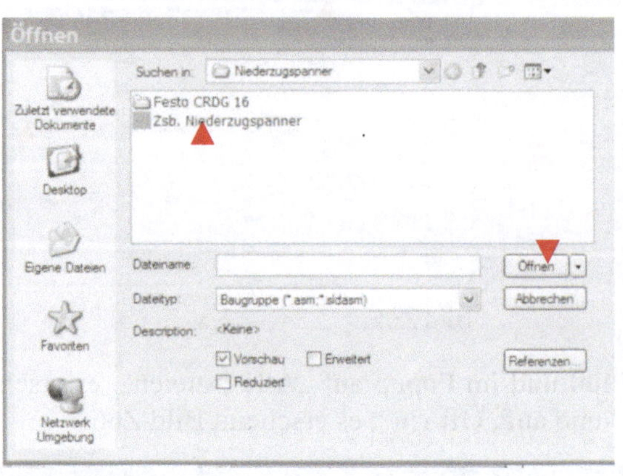

Bild Z68

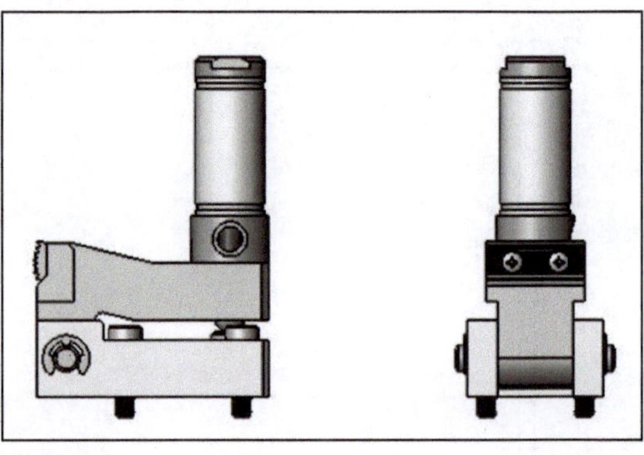

Bild Z70

In Bild Z68 Klick auf „Zsb. Niederzugspanner" und auf „Öffnen". Zsb. Niederzugspanner in die Zeichenvorlage ziehen, dann wie in Bild Z69 gezeigt Klick auf „Vorderseite", auf „Vorschau" und auf „Schattiert mit Kanten". Jetzt weiter nach links ziehen und Klick, weiter nach links und wieder Klick, dann Klick auf grünen Haken.

Das Bild muss danach wie in Bild Z70 gezeigt aussehen.

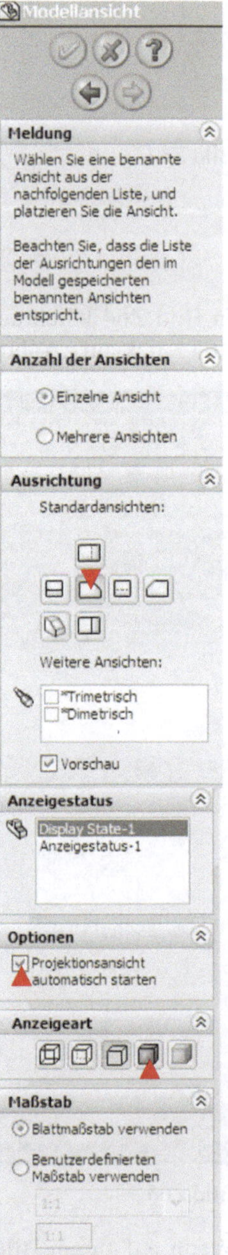

Bild Z69

Schriftart einstellen

Zunächst legt man die Schriftart fest.

So wird es durchgeführt: Klick auf **Extras**, im Popup Klick auf „Optionen", es erscheint Bild Z71.

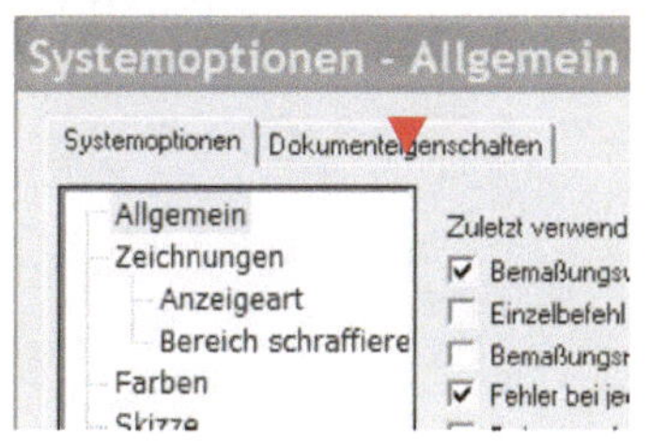

Bild Z71

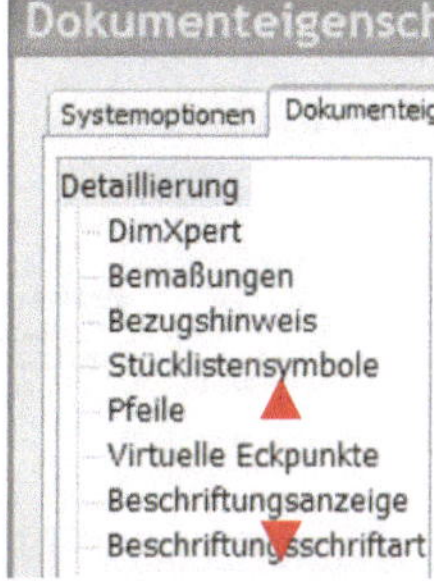

Bild Z72

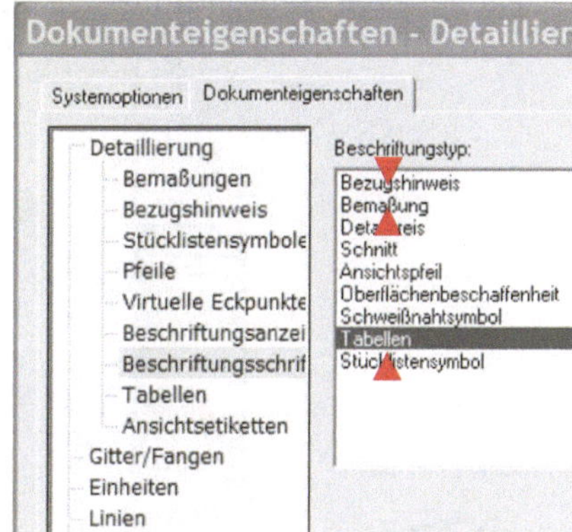

Bild Z73

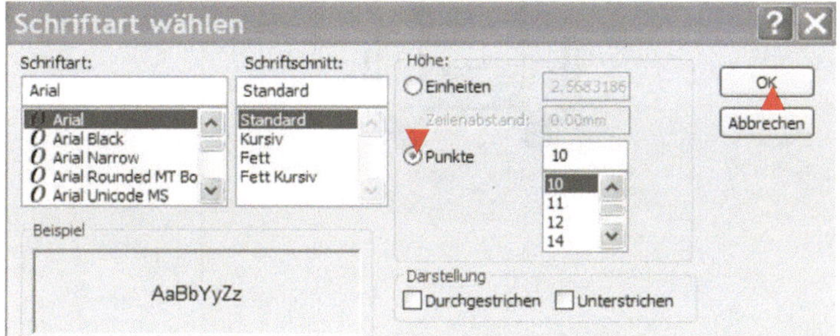

Bild Z74

In Bild Z71 Klick auf „Dokumenteigenschaften", es erscheint Bild Z72. In Bild Z72 Klick auf „Beschriftungsart", es erscheint Bild Z73. In Bild Z73 Klick auf „Tabellen", es erscheint Bild Z74.

In Bild Z74 „Punkte" aktivieren, sonst wie gezeigt über die Popups einstellen, dann Klick auf „OK".

In Bild Z73 Klick auf „Bezugshinweis", es erscheint wieder Bild Z74, Bild Z74 wie gezeigt einstellen, dann Klick auf „OK".

In Bild Z73 Klick auf „Bemaßung", es erscheint wieder Bild Z74, Bild Z74 wie gezeigt einstellen, dann Klick auf „OK".

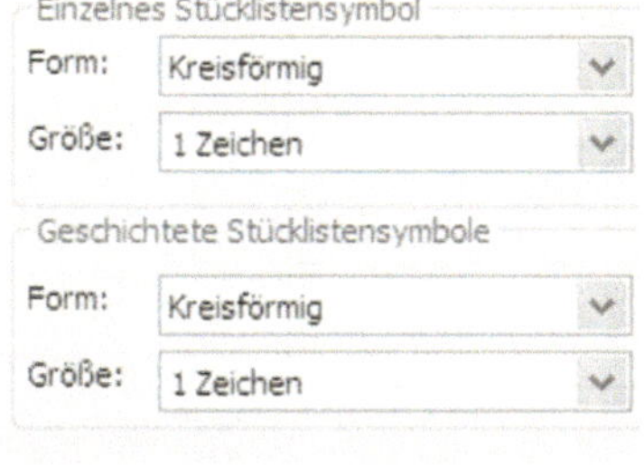

Jetzt in Bild Z72 Klick auf „Stücklistensymbole", es erscheint Bild Z75.

In Bild Z75 die Werte wie aufgeführt über Popup einstellen. Dann unten auf „OK" klicken.

Sie haben jetzt die Beschriftung konfiguriert. Selbstverständlich kann man auch eine andere Schriftart wählen.

Bild Z75

Stückliste einbringen

Klick auf [Einfügen] im Popup auf „Tabellen" ziehen, dann nach rechts auf „Stückliste",

dort Klick, dann in Bild Z76 Klick auf eine Ansicht und Klick auf [ ] grünen Haken.

Jetzt die auf dem Bildschirm erscheinende Stückliste in die Zeichenvorlage ziehen. Das Bild sollte wie in Bild Z76 gezeigt aussehen.

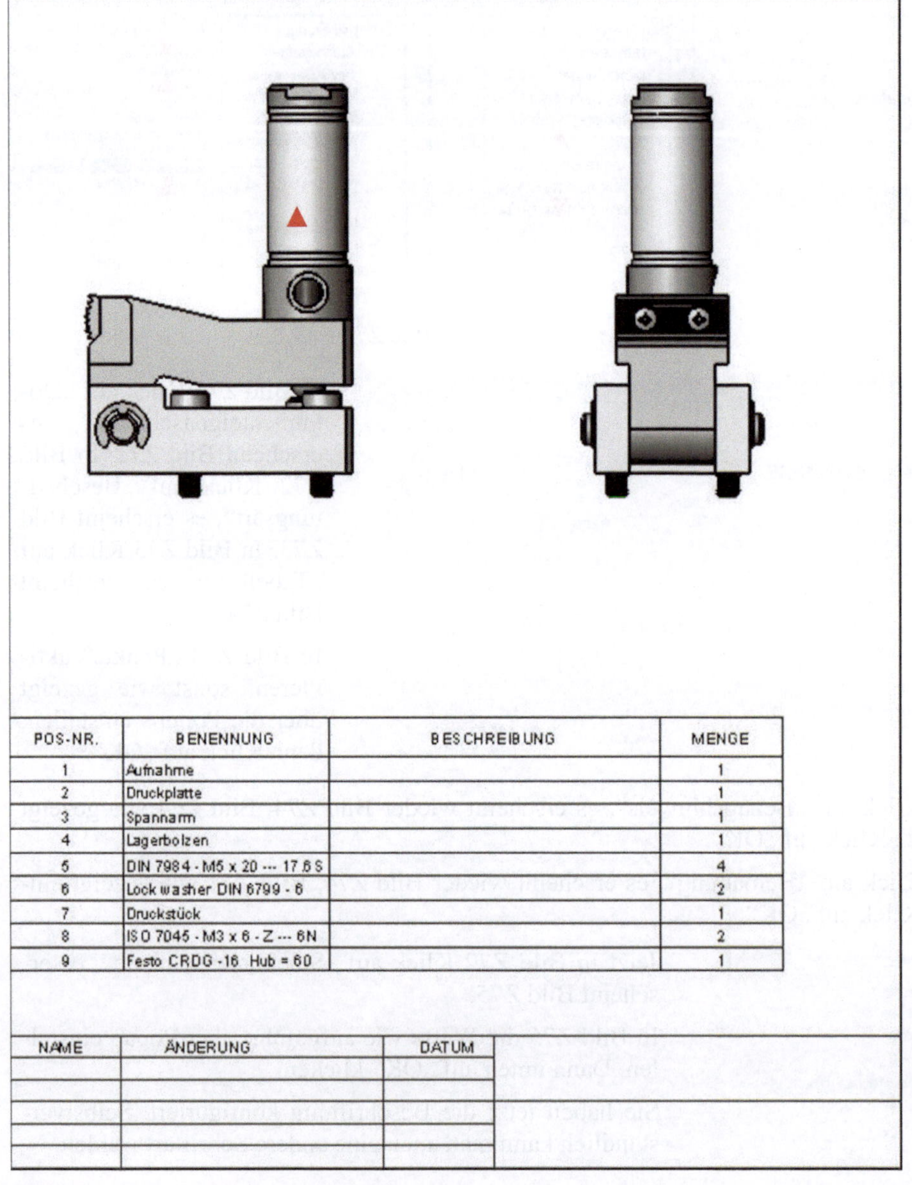

POS-NR.	BENENNUNG	BESCHREIBUNG	MENGE
1	Aufnahme		1
2	Druckplatte		1
3	Spannarm		1
4	Lagerbolzen		1
5	DIN 7984 - M5 x 20 --- 17.8 S		4
6	Lock washer DIN 6799 - 6		2
7	Druckstück		1
8	ISO 7045 - M3 x 6 - Z --- 6N		2
9	Festo CRDG -16 Hub = 60		1

NAME	ÄNDERUNG	DATUM	

Bild Z76

Stücklistensymbole einfügen und Zeichnung beschriften

So wird es durchgeführt:

Klick auf 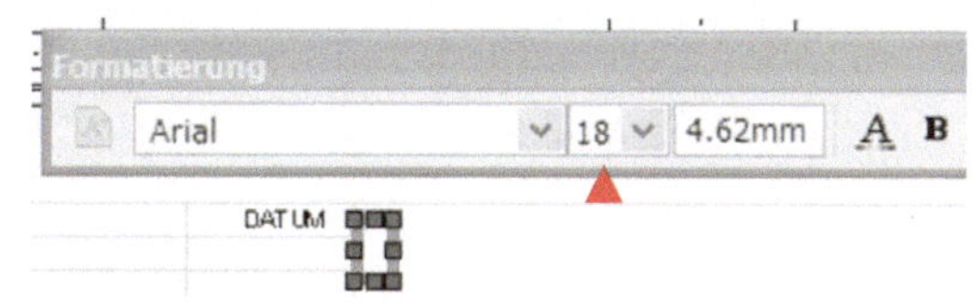 „Stücklistensymbol", dann auf ein Teil im Zusammenbau ziehen und dort Klick, Symbol vom Teil ziehen und Klick (siehe Bild Z78) jetzt auf das nächste Teil usw., bis alle Teile nummeriert sind.

(Sollte das Bild zum Beschriften zu klein sein, vergrößern Sie dieses.)

Beschriftet wird mit Klick auf , dann ins Schriftfeld ziehen und Klick, es erscheint Bild Z77.

In Bild Z77 Schrifthöhe im Popup auf 18 einstellen, dann den Text schreiben und anschließend auf grünen Haken klicken (siehe Bild Z78).

Bild Z77

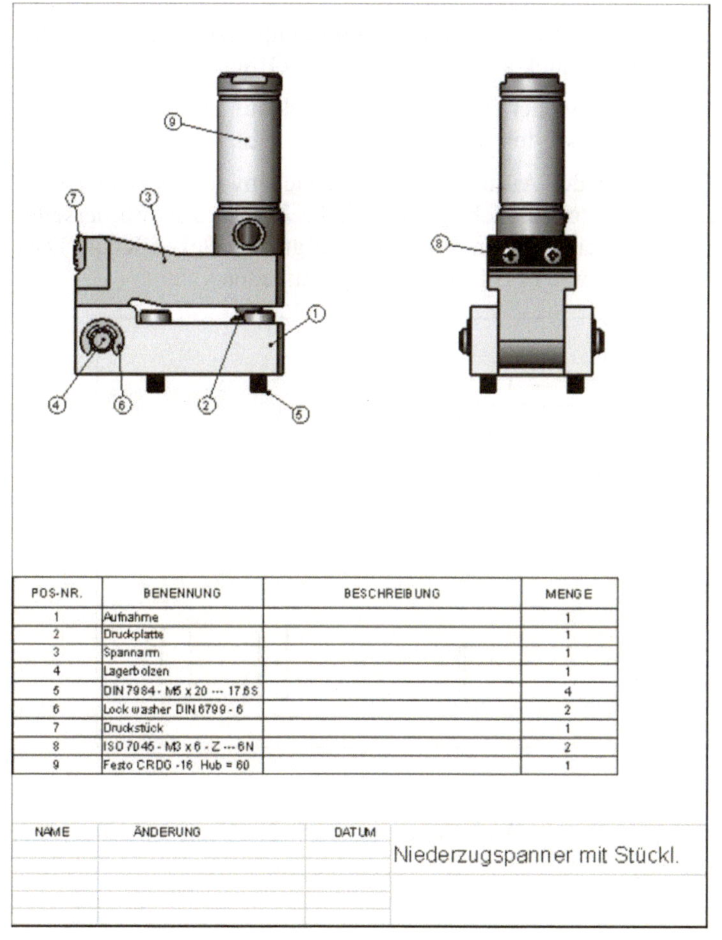

POS-NR.	BENENNUNG	BESCHREIBUNG	MENGE
1	Aufnahme		1
2	Druckplatte		1
3	Spannarm		1
4	Lagerbolzen		1
5	DIN 7984 - M5 x 20 --- 17.6S		4
6	Lock washer DIN 6799 - 6		2
7	Druckstück		1
8	ISO 7045 - M3 x 6 - Z ---6N		2
9	Festo CRDG -16 Hub = 60		1

NAME	ÄNDERUNG	DATUM	
			Niederzugspanner mit Stückl.

Speichern im Ordner Niederzugspanner unter dem Namen Niederzugspanner mit Stückliste.

Bild Z78

Einzelteil bemaßen

So wird es durchgeführt:

Zeichenvorlage wie in den Bildern Z64 bis Z66 gezeigt auf den Bildschirm laden. Dann weiter wie in Bild Z67. Es erscheint Bild Z79.

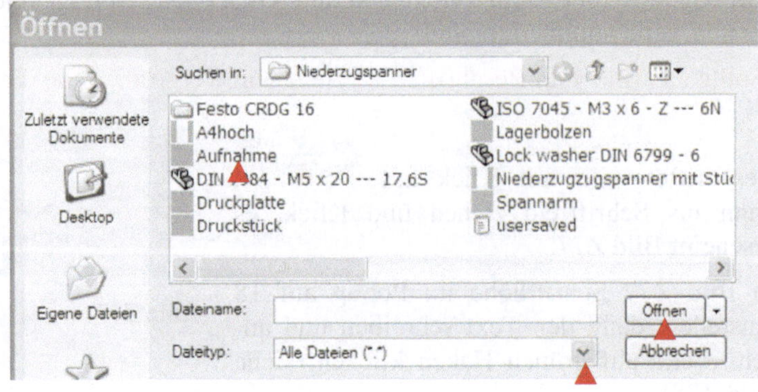

Bild Z79

In Bild Z79 Klick auf Pfeil und im Popup „Alle Dateien" aktivieren, dann Klick auf „Aufnahme und Öffnen".

Es erscheint wieder Bild Z69, dort Klick auf „Vorderseite" und „Vorschau" aktivieren.

Vorderseite der Aufnahme in die Zeichenvorlage ziehen und Klick, nach oben ziehen und Klick. Zurück zur Vorderseite und nach rechts ziehen Klick und auf grünen Haken Klick. Das Bild müsste wie in Bild Z80 gezeigt aussehen.

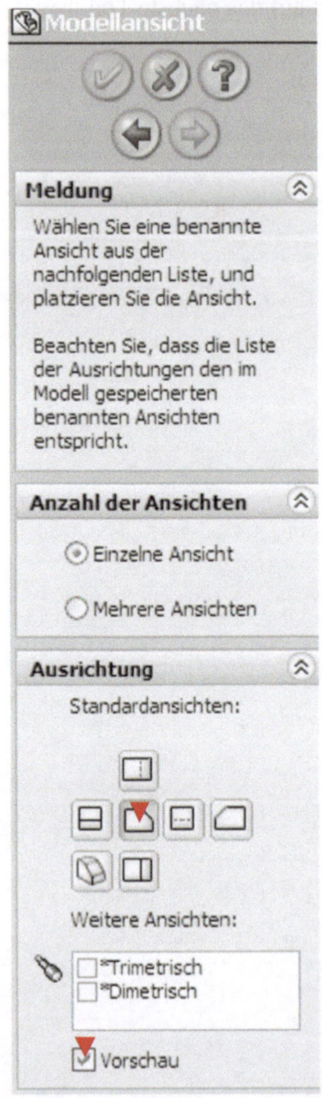

Bild Z69

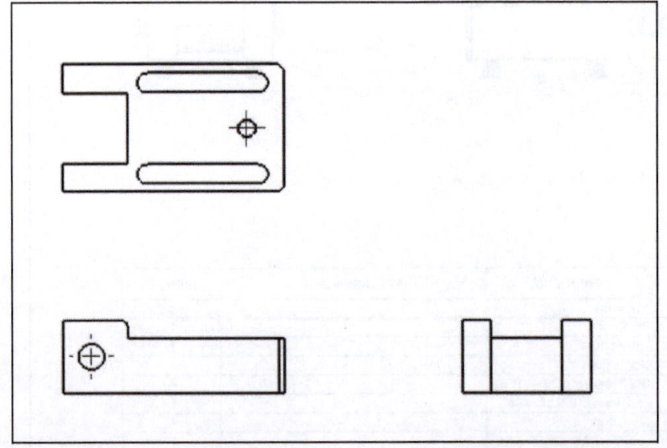

Bild Z80

Speichern unter „Aufnahme vermaßt" im Ordner Niederzugspanner.

Einzelteil vergrößern und vermaßen

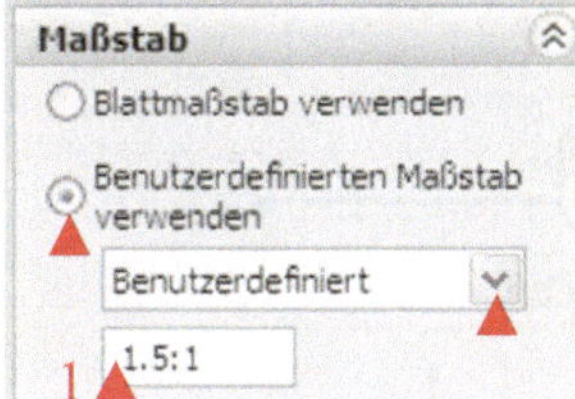

Bild Z81

Bild Z82

In Bild Z80 Klick auf Ansicht Vorderseite, es erscheint Bild Z81.

In Bild 81 „Benutzerdefinierten Maßstab verwenden" aktivieren, im Popup „Benutzerdefiniert" anklicken, 1.5:1 bei 1▲ eintragen. Die Ansichten vergrößern sich und sind somit besser zu vermaßen.

In Bild Z81 Klick auf 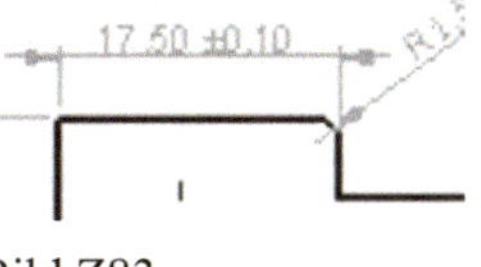, dann Klick auf eine Linie in einer Ansicht, das Maß nach außen ziehen, Klick, es erscheint Bild Z82. In Bild Z82 im Popup „Symmetrisch" einstellen und unter 1▼ 0.1 eintragen. Jetzt zur nächsten Linie, dort Klick und nach außen ziehen, Klick, weiter auf jede Linie, die vermaßt werden soll.

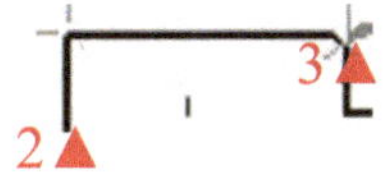

Bei Linien, die keine begrenzten Endpunkte haben, klickt man auf die Begrenzungslinien 2▲ und 3▲ und zieht dann das Maß nach außen (siehe Bild Z83).

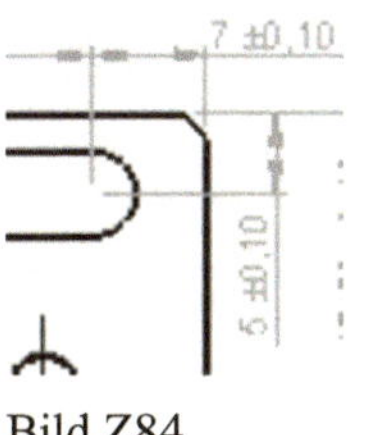

Bild Z83

Bei Vermaßung von runden Einbringungen klickt man bei 4▼ auf die Linie und bei 5▲ auf den Radius und zieht das Maß nach außen (siehe Bild Z84).

Bild Z84

Bei Vermaßung von Bohrungen klickt man bei 6▼ auf die Linie und bei 7▼ auf die Bohrung und zieht das Maß nach außen (siehe Bild Z85).

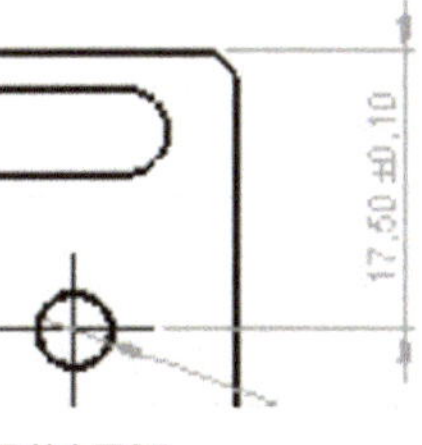

Bild Z85

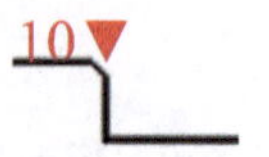

Bei Vermaßung von Radien klickt man bei 10▼ auf den Radius und zieht das Maß nach außen (siehe Bild Z86).

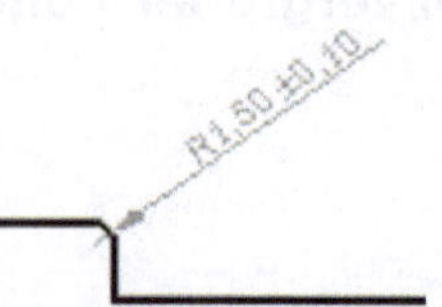

Bild Z86

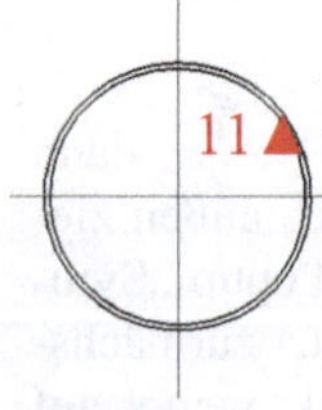

Bei Vermaßung von Bohrungsdurchmessern klickt man bei 11▲ auf den Bohrungsdurchmesser (nicht auf die Fase) und zieht das Maß nach außen (siehe Bild Z87).

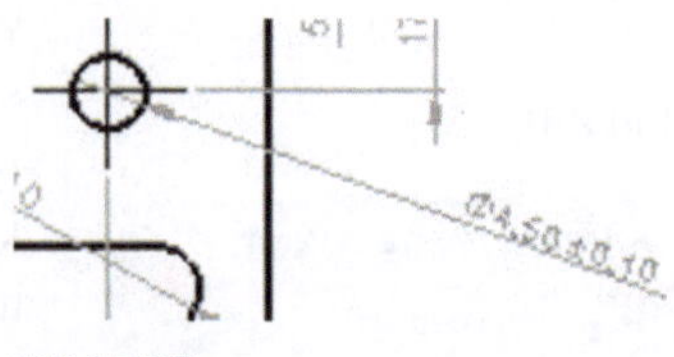

Bild Z87

Bei Vermaßungen von Fasen klickt man

auf 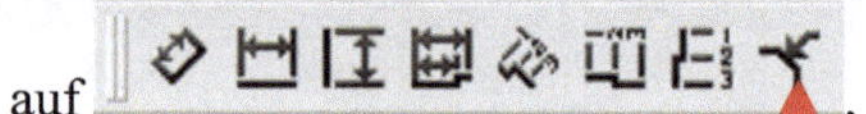 ,

dann mit dem Mauszeiger auf Fase bei ▲9 und auf die Linie bei 8▼, dann zieht man das Maß nach außen (siehe Bild Z88).

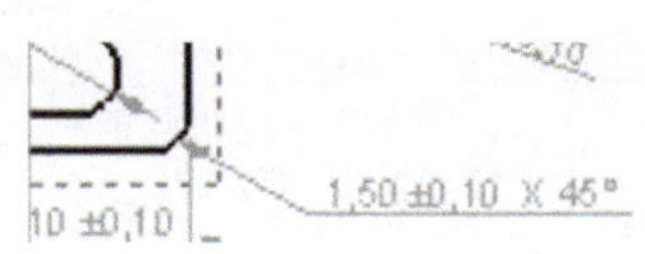

Bild Z88

Nach dem Vermaßen müsste das Bild auf dem Bildschirm folgendermaßen aussehen (Bild Z89).

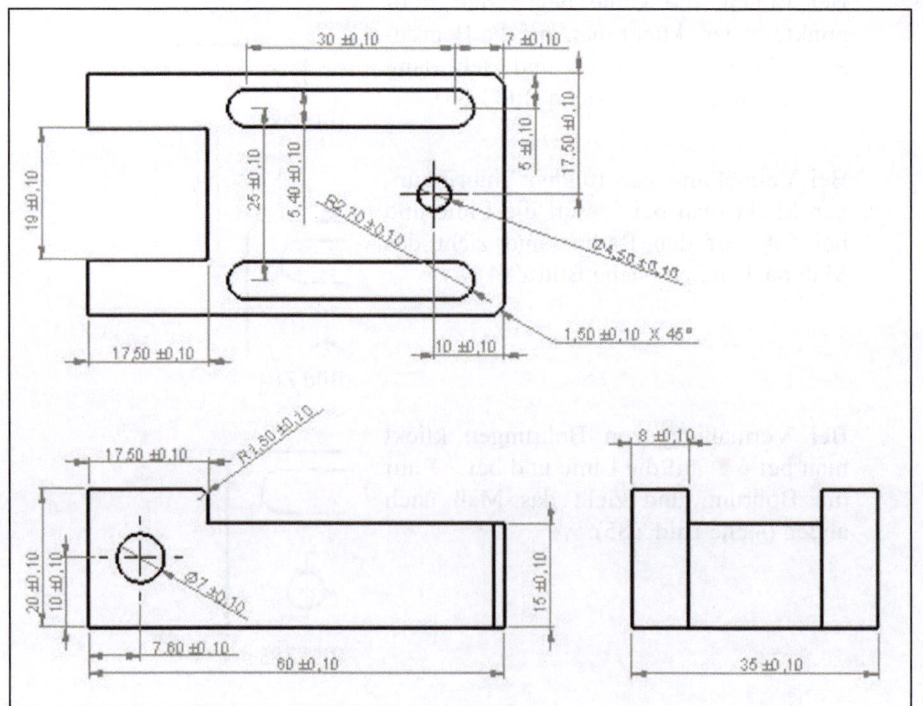

Bild Z89

Bohrungstoleranzen eintragen

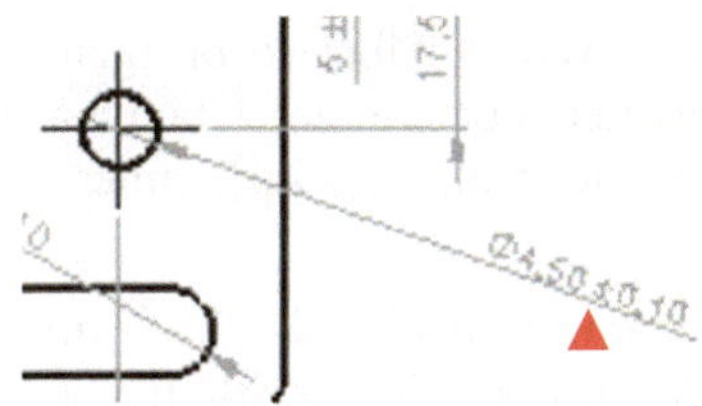

Bild Z90

Durchführung:

Klick auf Maß ⌀ 4,5 ± 0,10, es erscheint Bild Z91.

Bild Z91

In Bild Z91 Klick auf Pfeil bei 1 ▼ und im Popup „Passung mit Toleranz" anklicken. Dann Klick auf Pfeil bei 2 ▼ und im Popup „H7" anklicken und Klick auf grünen Haken.

Es erscheint Bild Z92.

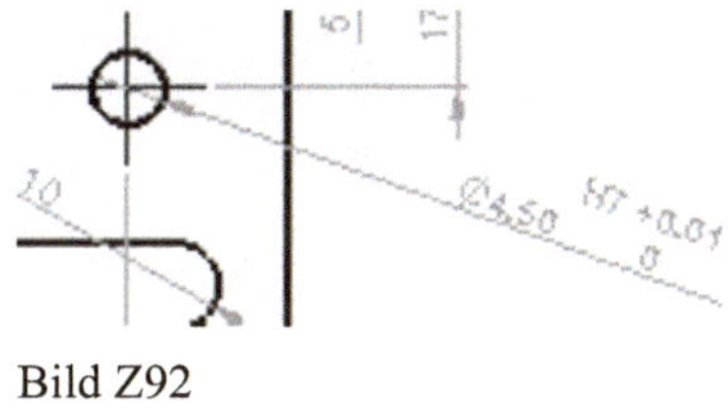

Bild Z92

Durchführung: für die Bohrung ⌀ 7,0 ± 0,10 (wie für Bohrung ⌀ 4,5 gezeigt)

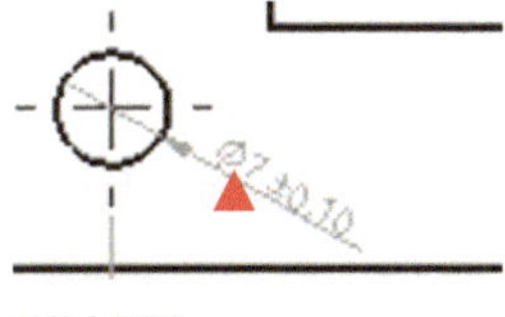

Bild Z93

In Bild Z93 Klick auf Maß ⌀ 7,0 dann die Parameter wie in Bild Z91 gezeigt einstellen. Klick auf grünen Haken, es erscheint Bild Z94.

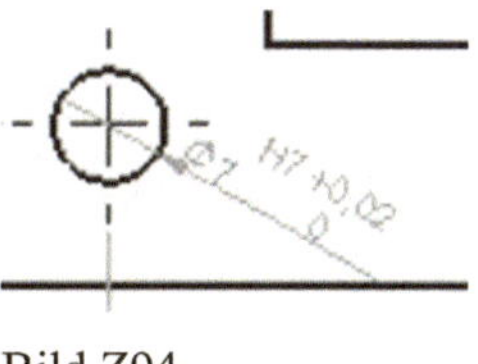

Bild Z94

Speichern im Ordner Niederzugspanner / Aufnahme vermaßt.

Hinweis

In den vorangegangenen Seiten wurde versucht dem Einsteiger SolidWorks näher zu bringen. Als Anhang sind auf einer DVD über 100 Vorrichtungen aufgespielt. Für weitere Übungen lädt man eine Vorrichtung in SolidWorks und schaut sich die Einzelteile und die Zusammenbauten an.

Wie die Einzelteile konstruiert wurden, kann man im Feature Manager nachvollziehen. Im Feature Manager sind alle Skizzen und Feature aufgezeichnet. Wenn man ein Einzelteil von den DVD lädt, kann man im Feature Manager den Konstruktionsablauf anschaulich nachvollziehen.

3D-Vorrichtungen

Biegevorrichtung

Biegevorrichtung mit Stückliste

POS-NR.	BENENNUNG	MENGE
1	Grundplatte	1
2	Gesenkleiste	1
3	Stützplatte	1
4	Führungsleiste	2
5	Prägestempel	1
6	Anschlagstift	2
7	Werkstück 1	1
8	Exender	1
9	Passfeder	1
10	Kugel	1
11	Feder f Prägest	1
12	Stützplatte f Auswerfer	1
13	Buchse f Welle Exender	1
14	Kurvenscheibe	1
15	Distanzhülse	1
16	Auswerferbolzen	2
17	Lagerplatte f Auswerfer	1
18	Gabel f Auswerfer	1
19	Auswerferleiste	1
20	Feder f Auswerfer	2
21	DIN 912 M5 x 16 --- 16S	4
22	DIN 7984 - M6 x 16 --- 16S	2
23	Parallel Pin ISO 8734 - 5 x 22 - A - St	4
24	DIN 912 M6 x 12 --- 12S	2
25	DIN 912 M5 x 12 --- 12S	1
26	Parallel Pin ISO 8734 - 6 x 20 - A - St	1
27	Parallel Pin ISO 8734 - 5 x 26 - A - St	1
28	ISO 4029 - M4 x 3-S	2
29	Zsb.Welle f Ex	1
30	Zsb. Betätigungsst	1
31	Washer DIN 125 - B 8.4	1
32	Hexagon Nut ISO 4033 - M8 - D - N	1

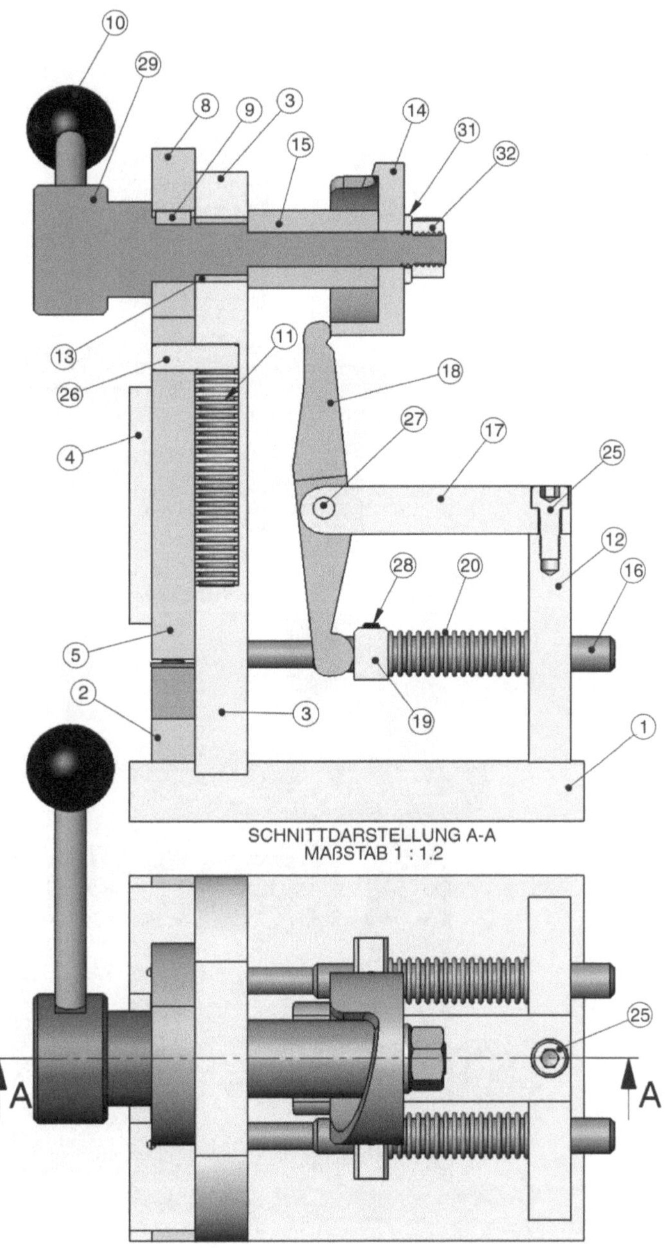

SCHNITTDARSTELLUNG A-A
MAßSTAB 1 : 1.2

Bohrvorrichtung für Gussgehäuse

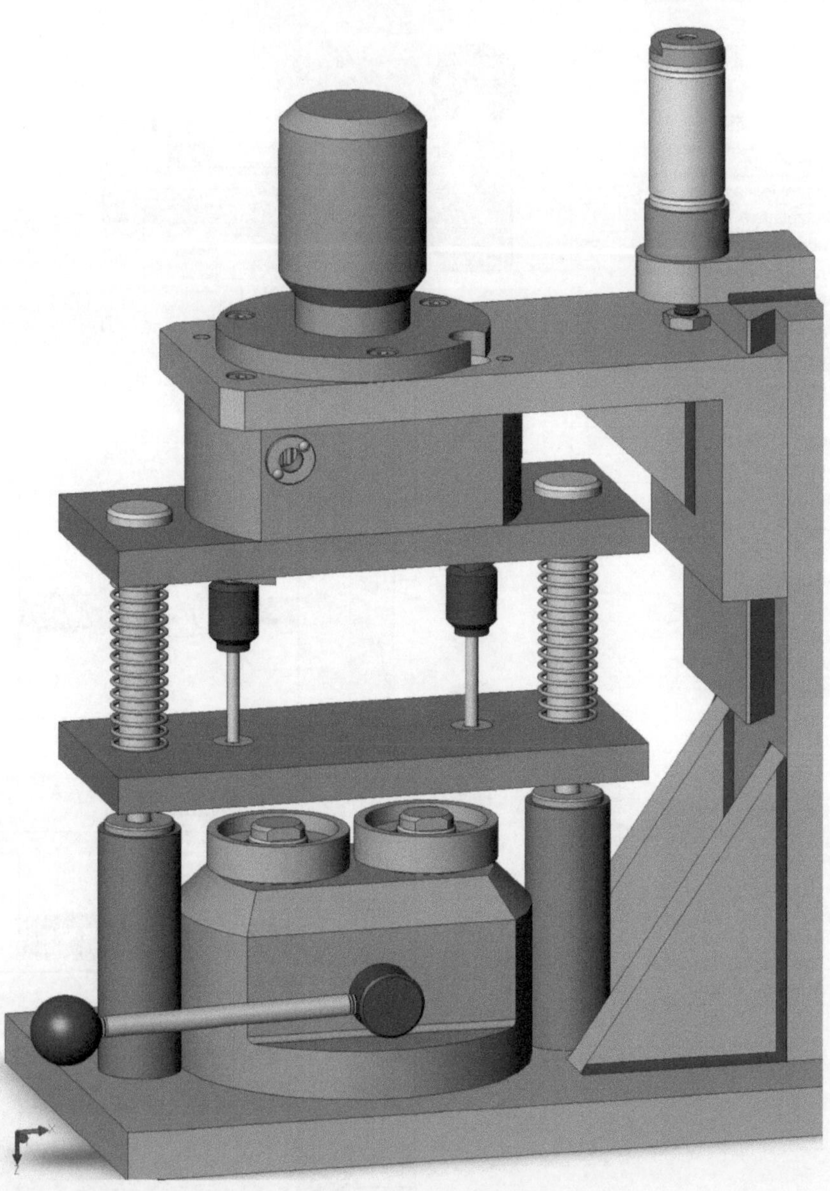

Bohrvorrichtung für Gussgehäuse mit Stückliste

POS-NR.	BENENNUNG	MENGE
1	Zsb.Gestell	1
2	Zsb.Bohrkopf	1
3	Zsb Spannvorr	1
4	Bohrplatte oben	1
5	Führungsb Bohrb	2
6	Bohrplatte unten	1
7	Feder	2
8	Bohrbuchse	2
9	DIN 7984 - M4 x 10 --- 7.9S	4
10	Lock washer DIN 6799 - 6	2

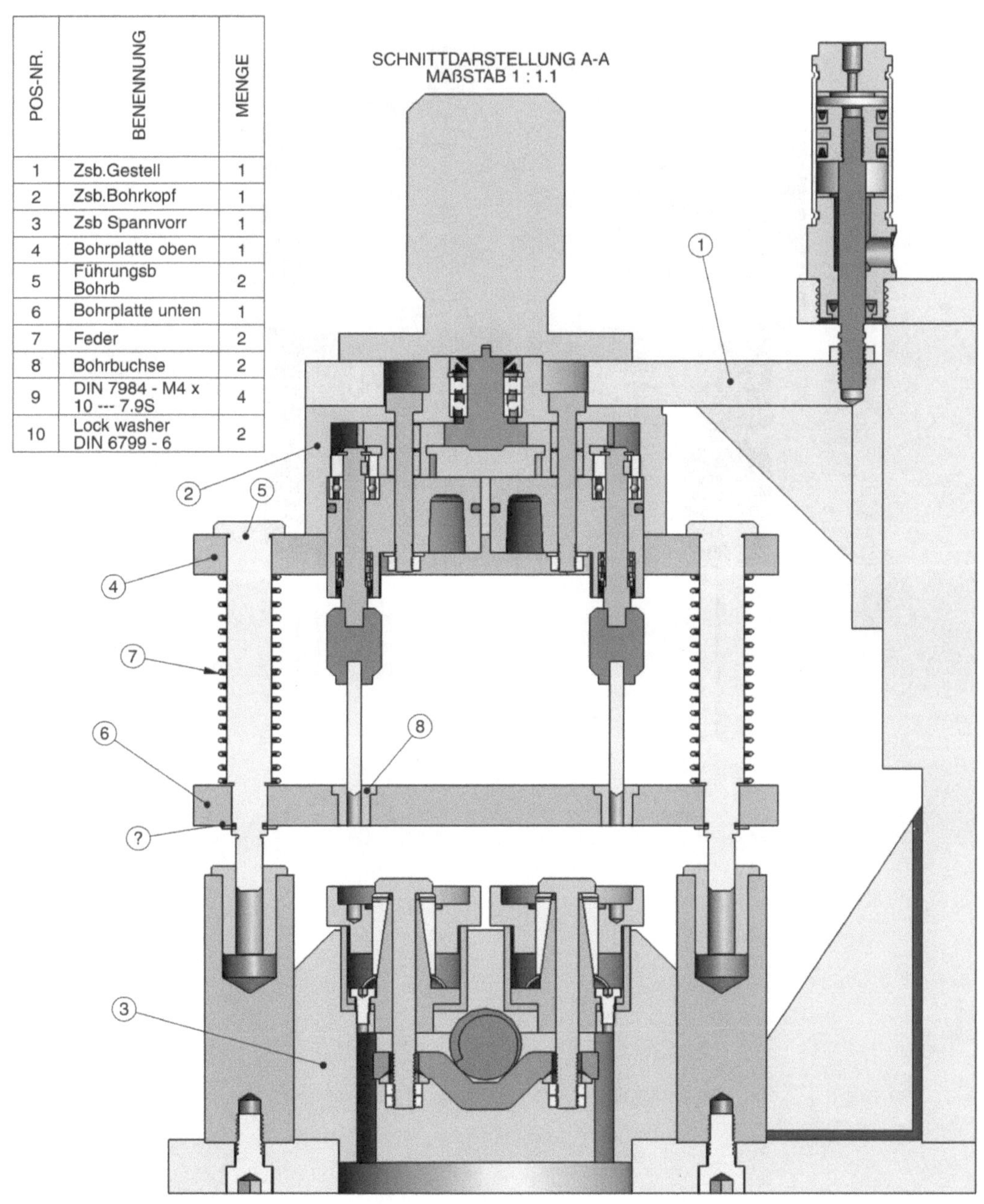

Bohrkopf für Bohrvorrichtung für Gussgehäuse

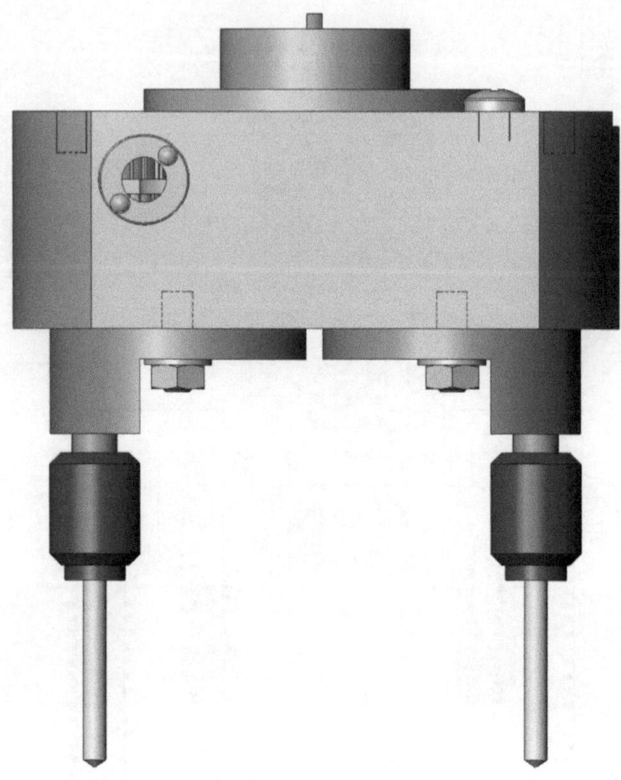

Bohrkopf für Bohrvorrichtung für Gussgehäuse

Bohrkopf für Bohrvorrichtung für Gussgehäuse mit Stückliste

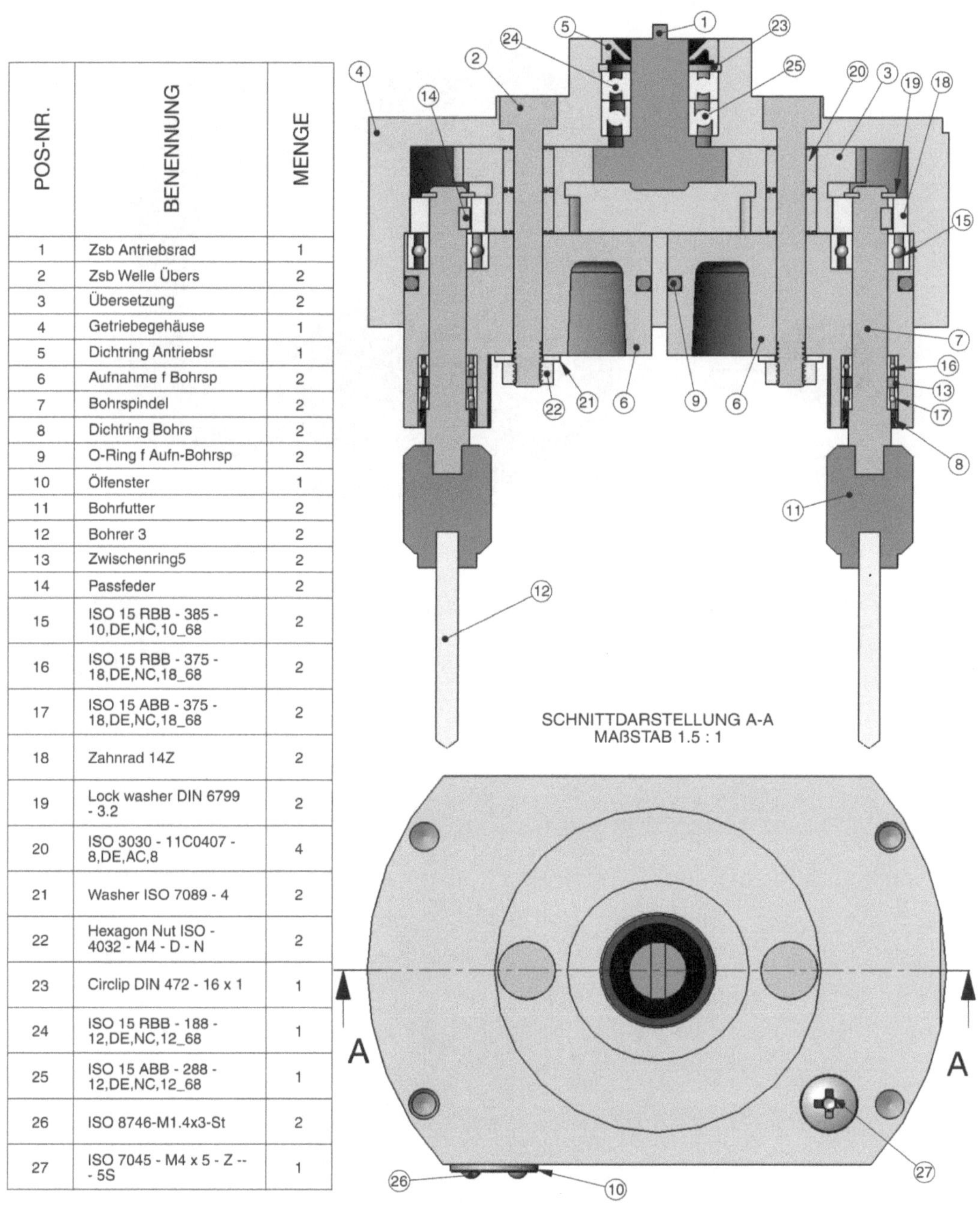

POS-NR.	BENENNUNG	MENGE
1	Zsb Antriebsrad	1
2	Zsb Welle Übers	2
3	Übersetzung	2
4	Getriebegehäuse	1
5	Dichtring Antriebsr	1
6	Aufnahme f Bohrsp	2
7	Bohrspindel	2
8	Dichtring Bohrs	2
9	O-Ring f Aufn-Bohrsp	2
10	Ölfenster	1
11	Bohrfutter	2
12	Bohrer 3	2
13	Zwischenring5	2
14	Passfeder	2
15	ISO 15 RBB - 385 - 10,DE,NC,10_68	2
16	ISO 15 RBB - 375 - 18,DE,NC,18_68	2
17	ISO 15 ABB - 375 - 18,DE,NC,18_68	2
18	Zahnrad 14Z	2
19	Lock washer DIN 6799 - 3.2	2
20	ISO 3030 - 11C0407 - 8,DE,AC,8	4
21	Washer ISO 7089 - 4	2
22	Hexagon Nut ISO - 4032 - M4 - D - N	2
23	Circlip DIN 472 - 16 x 1	1
24	ISO 15 RBB - 188 - 12,DE,NC,12_68	1
25	ISO 15 ABB - 288 - 12,DE,NC,12_68	1
26	ISO 8746-M1.4x3-St	2
27	ISO 7045 - M4 x 5 - Z -- - 5S	1

Spannvorrichtung für Bohrvorrichtung für Gussgehäuse

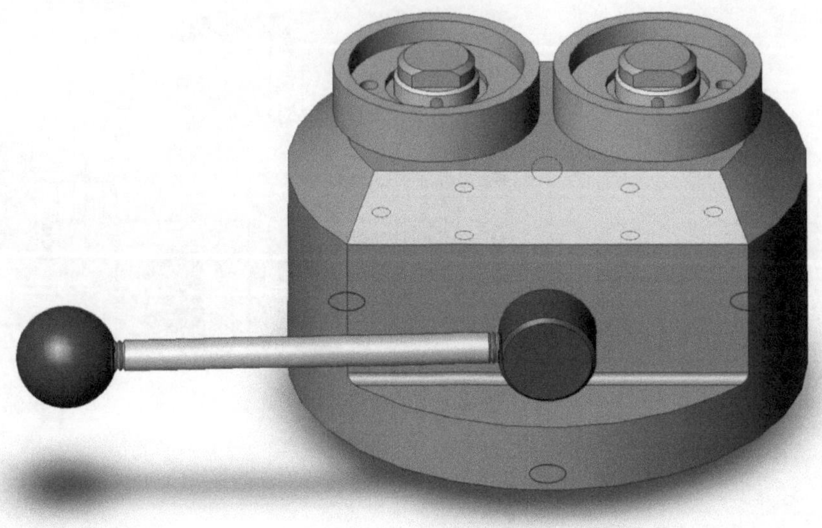

Spannvorrichtung für Bohrvorrichtung für Gussgehäuse mit Stückliste

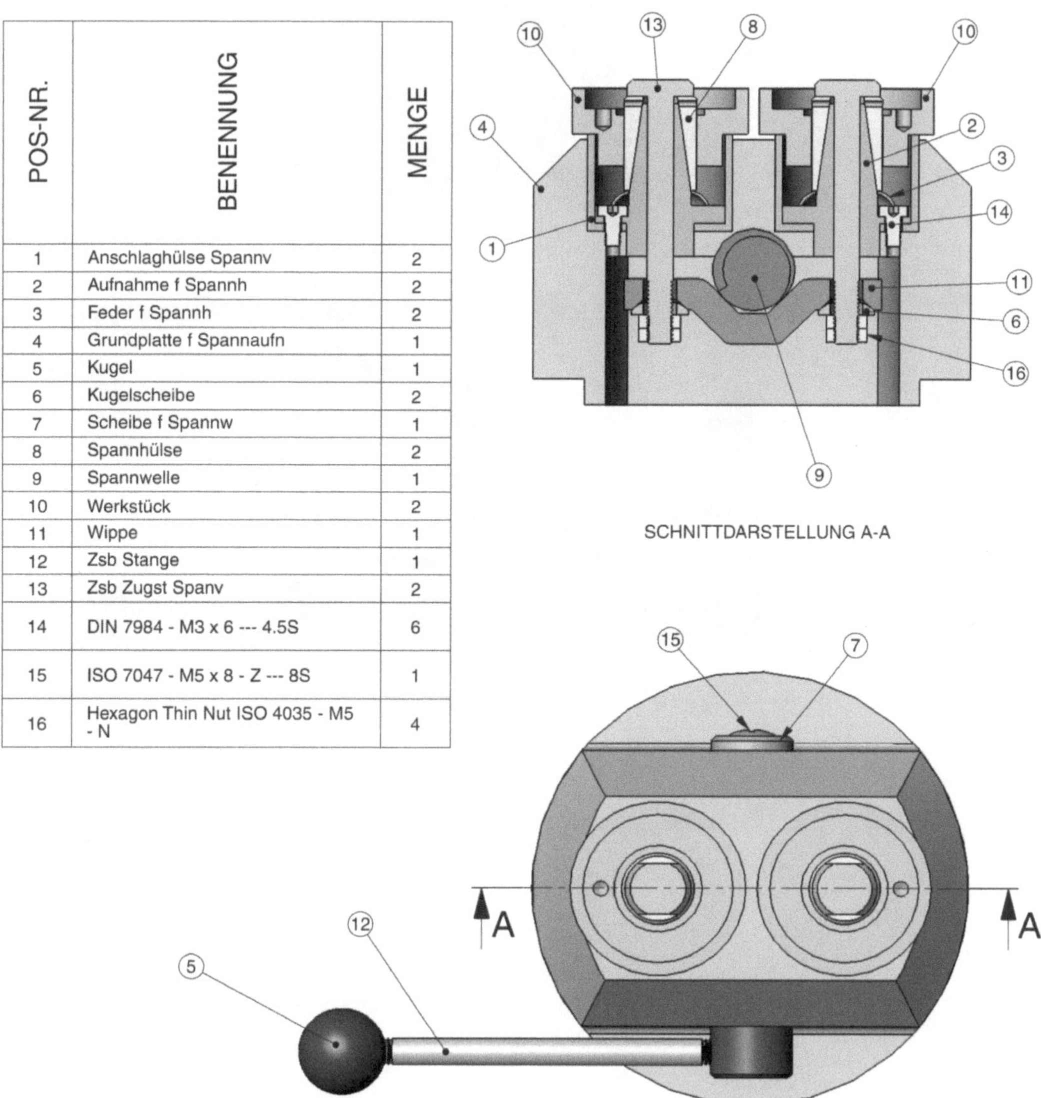

POS-NR.	BENENNUNG	MENGE
1	Anschlaghülse Spannv	2
2	Aufnahme f Spannh	2
3	Feder f Spannh	2
4	Grundplatte f Spannaufn	1
5	Kugel	1
6	Kugelscheibe	2
7	Scheibe f Spannw	1
8	Spannhülse	2
9	Spannwelle	1
10	Werkstück	2
11	Wippe	1
12	Zsb Stange	1
13	Zsb Zugst Spanv	2
14	DIN 7984 - M3 x 6 --- 4.5S	6
15	ISO 7047 - M5 x 8 - Z --- 8S	1
16	Hexagon Thin Nut ISO 4035 - M5 - N	4

Gestell für Bohrvorrichtung für Gussgehäuse

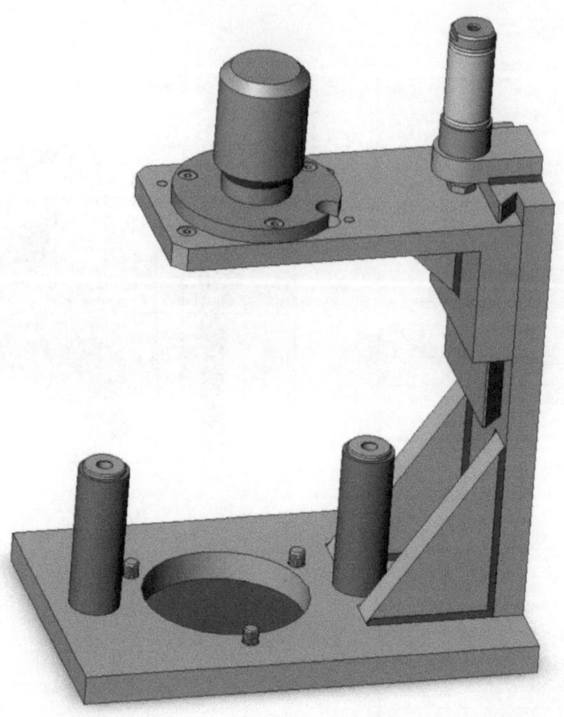

Gestell für Bohrvorrichtung für Gussgehäuse mit Stückliste

POS-NR.	BENENNUNG	MENGE
1	Festo CRDG -16 Hub = 60	1
2	Grundplatte	1
3	Kopfplatte	1
4	Verstärkung Kopfp	1
5	Motor	1
6	Stütze	1
7	bead7	1
8	bead8	1
9	bead9	1
10	bead10	1
11	bead11	1
12	bead12	1
13	bead13	1
14	bead14	1
15	bead15	1
16	bead16	1
17	bead17	1
18	bead18	1
19	Flansch f Festo	1
20	bead19	1
21	bead21	1
22	Bohrb Fixier	2
23	Fixierung unten	2
24	Verstärkung Stütze	2
25	DIN 7984 - M4 x 10 --- 7.9S	5
26	Hexagon Thin Nut ISO 4035 - M6 - N	1
27	Parallel Pin ISO 8734 - 4 x 14 - B - St	2
28	ISO 4762 M6 x 12 --- 12S	5

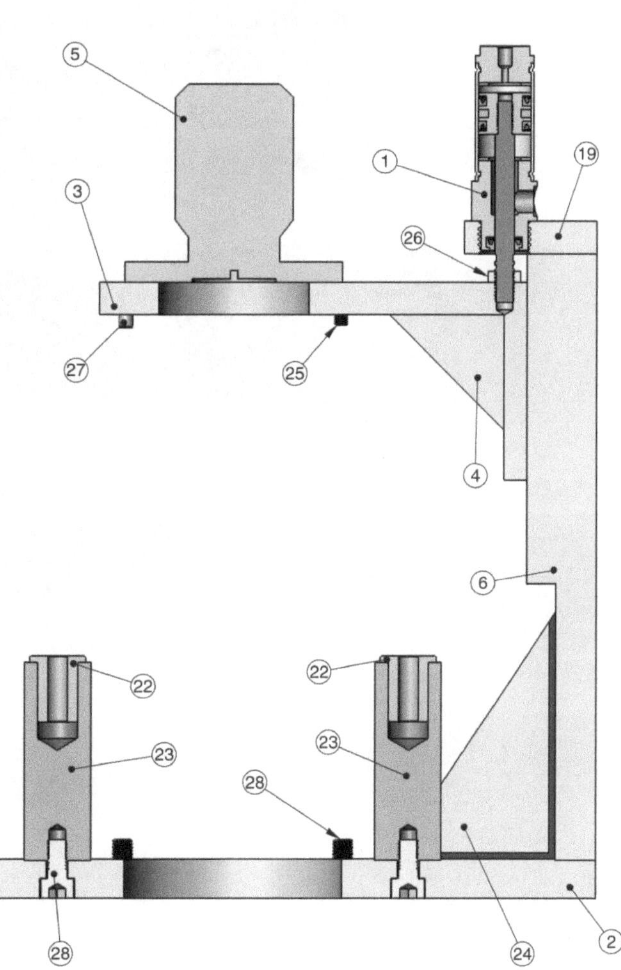

SCHNITTDARSTELLUNG A-A
MAßSTAB 1 : 1.5

Bohrvorrichtung mit Klappe

Bohrvorrichtung mit Klappe und Stückliste

Bohrvorrichtung Nabenteile (mit Teilscheibe)

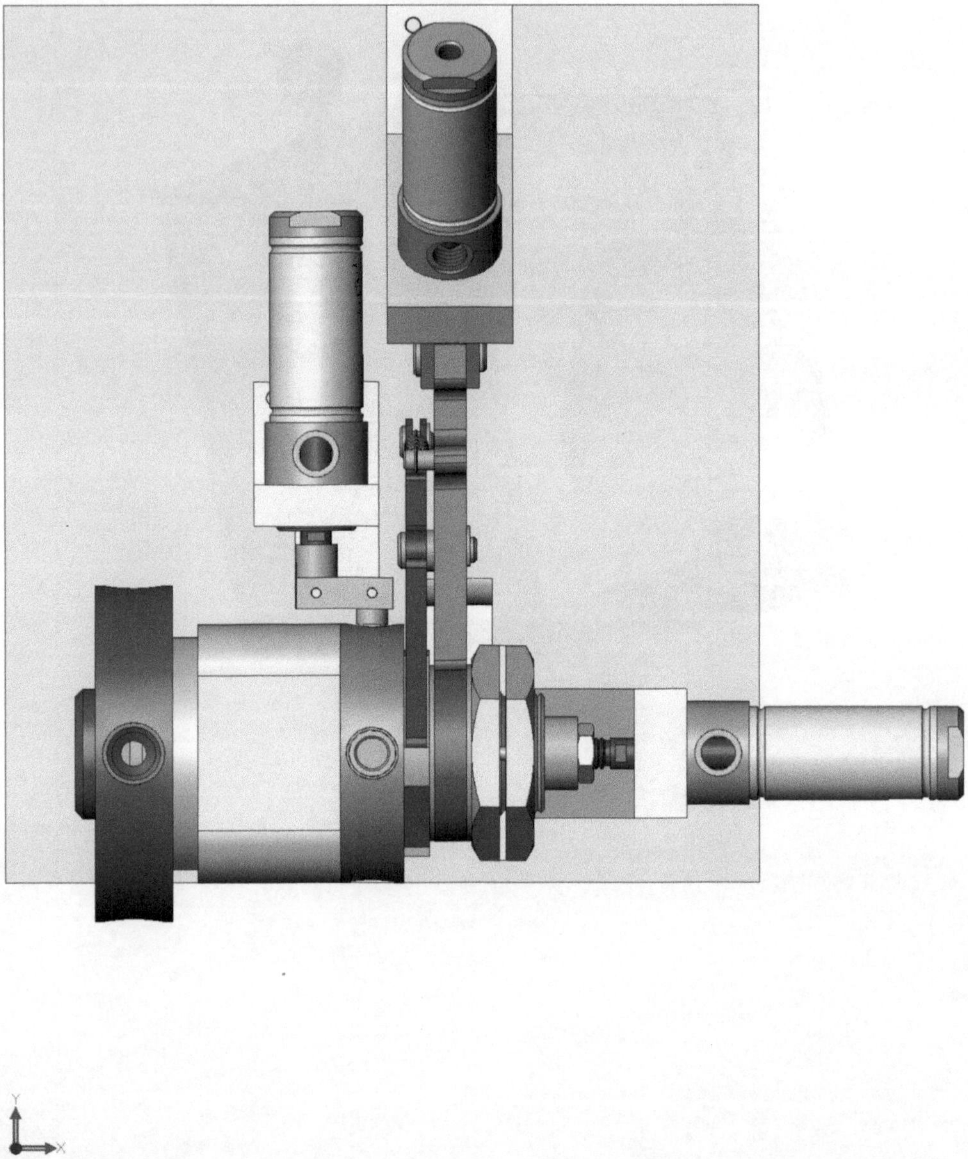

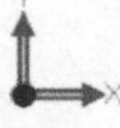

Bohrvorrichtung Nabenteile (mit Teilscheibe) mit Stückliste

POS-NR.	BENENNUNG	MENGE
1	Festo CRDG -16 Hub = 10	1
2	Festo CRDG -16 Hub = 150	1
3	Festo CRDG -16 Hub = 16	1
4	Mutter M24x2	1
5	Zsb Feder	1
6	Zsb.Tacktachse	1
7	Aufsatz1	1
8	Aufsatz2	1
9	Aufsatz3	1
10	Bohrbuchse	4
11	Bolzen f Festo2	1
12	Bolzen f Gelenkst	1
13	Bolzen Schaltk	1
14	DIN 7984 - M6 x 10 --- 7S	2
15	DIN 7984 - M6 x 18 --- 15S	4
16	DIN 915 - M4 x 6-S	1
17	Federbolzen1	1
18	Federbolzen2	1
19	Gelenkstück	1
20	Grundplatte	1
21	Hexagon Thin Nut ISO 4035 - M6 - N	2
22	Indexbolzen	1
23	ISO 104 - 712542 - B,20,DE,NC,20_68	1
24	Lagerbock	1
25	Lock washer DIN 6799 - 3.2	1
26	Lock washer DIN 6799 - 4	2
27	Lock Washer for Shafts_din	2
28	Parallel Pin ISO 8734 - 2 x 8 - B - St	2
29	Parallel Pin ISO 8734 - 3 x 14 - B - St	4
30	Parallel Pin ISO 8734 - 3 x 22 - B - St	2
31	Parallel Pin ISO 8734 - 4 x 22 - B - St	2
32	Passfeder	1
33	Positionsscheibe	1
34	Querstück	1
35	Ringspannscheibe	5
36	Schaltklinke	1
37	Scheibe	2
38	Scheibe Schaltk	1
39	Schwingarm	1
40	Teilscheibe	1
41	Werkstück-Fertgt	1
42	Zugstange	1

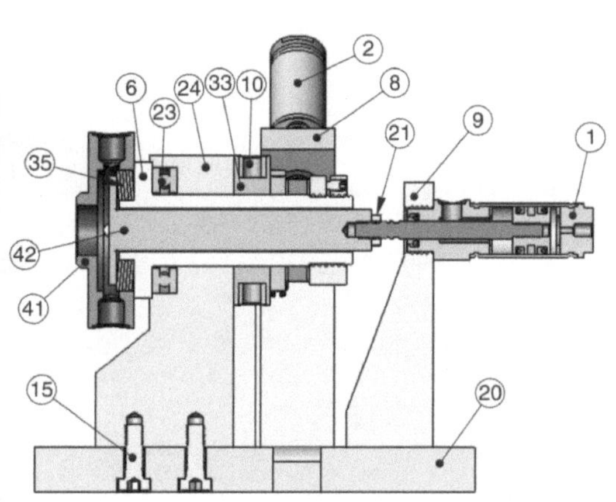

SCHNITTDARSTELLUNG A-A
MAßSTAB 1 : 2

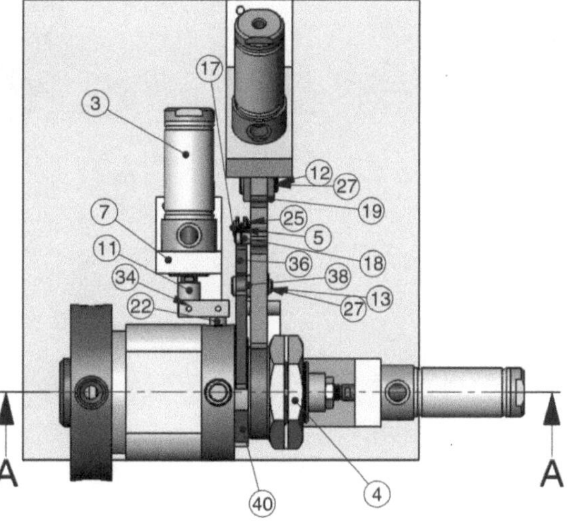

Bohrvorrichtung zum Senken mehrerer Bohrungen

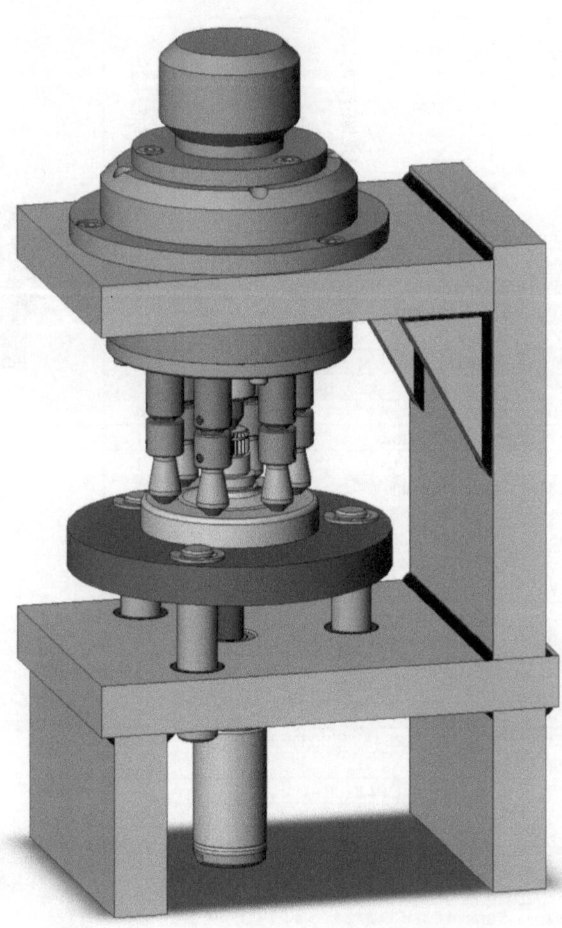

Bohrvorrichtung zum Senken mehrerer Bohrungen mit Stückliste

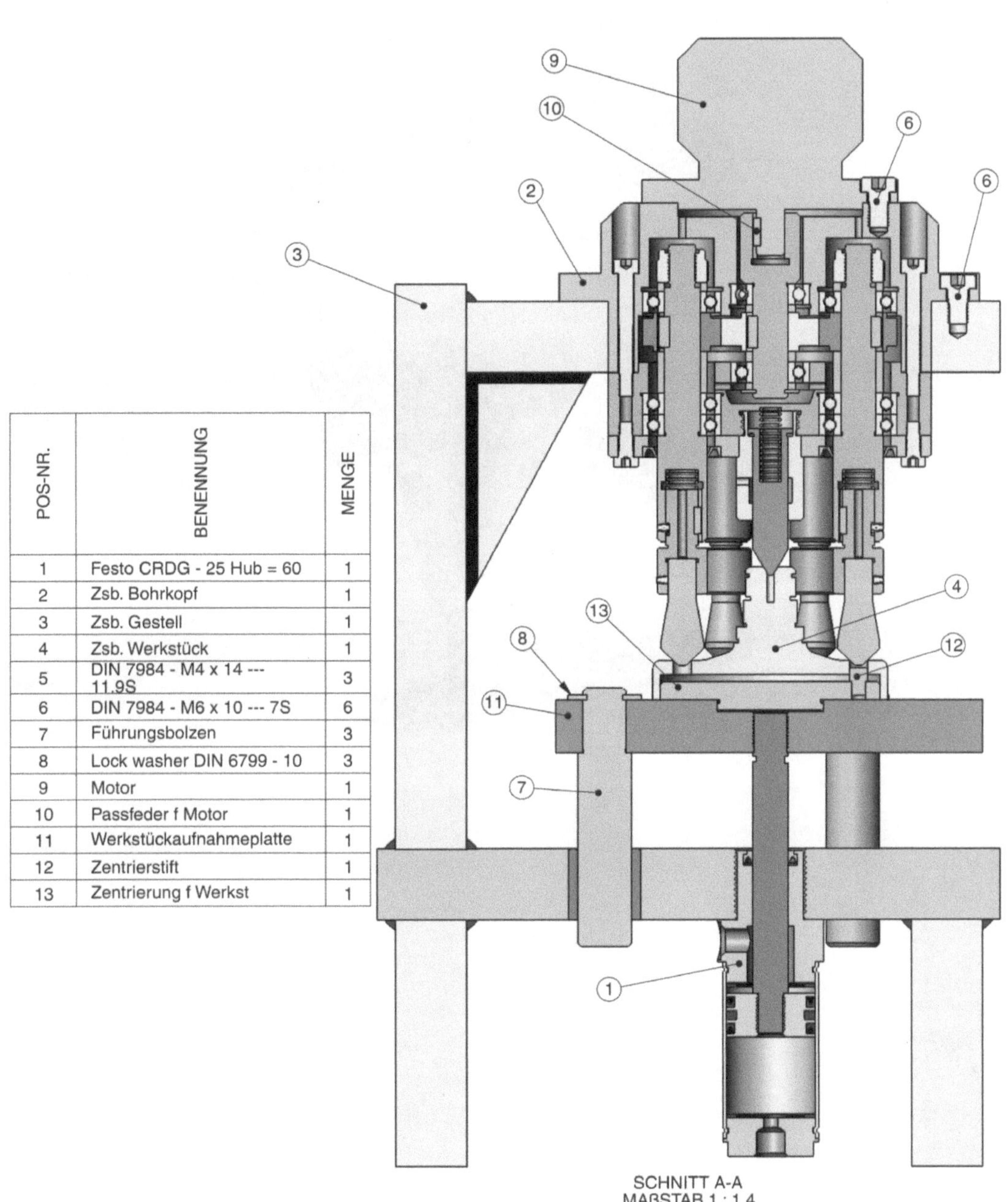

POS-NR.	BENENNUNG	MENGE
1	Festo CRDG - 25 Hub = 60	1
2	Zsb. Bohrkopf	1
3	Zsb. Gestell	1
4	Zsb. Werkstück	1
5	DIN 7984 - M4 x 14 --- 11.9S	3
6	DIN 7984 - M6 x 10 --- 7S	6
7	Führungsbolzen	3
8	Lock washer DIN 6799 - 10	3
9	Motor	1
10	Passfeder f Motor	1
11	Werkstückaufnahmeplatte	1
12	Zentrierstift	1
13	Zentrierung f Werkst	1

Bohrkopf für Bohrvorrichtung zum Senken mehrerer Bohrungen

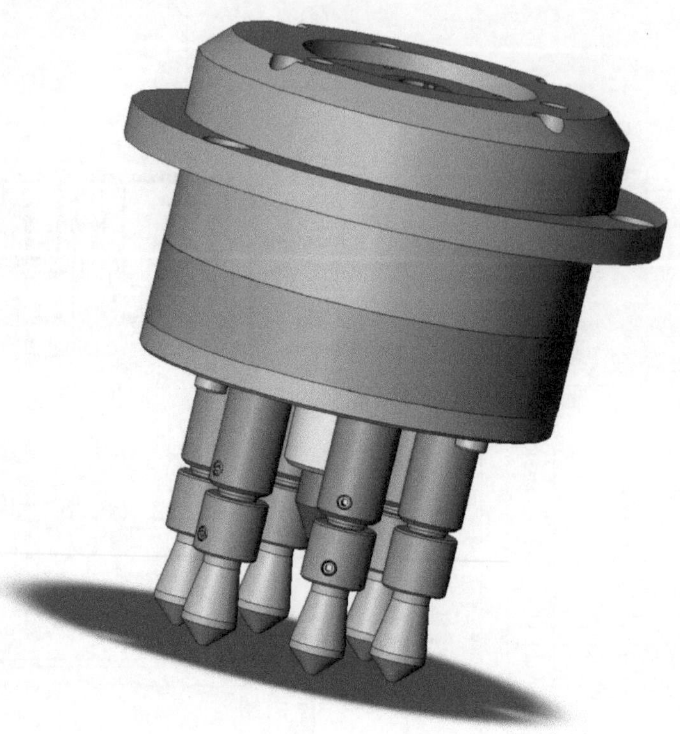

Bohrkopf für Bohrvorrichtung zum Senken mehrerer Bohrungen mit Stückliste

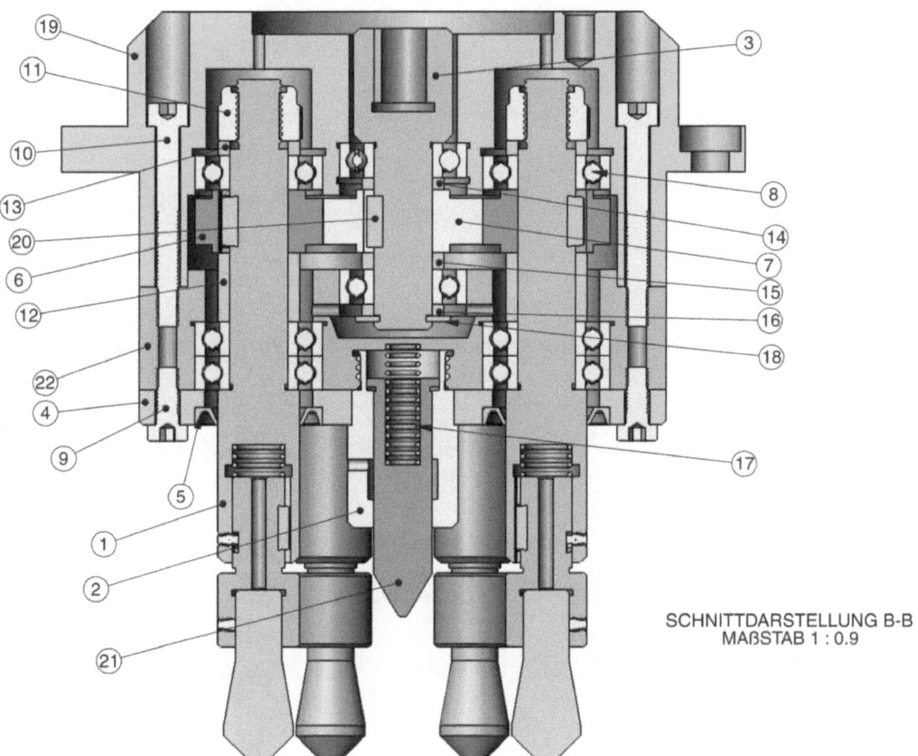

POS-NR.	BENENNUNG	MENGE
1	Zsb. Spindel	6
2	Zsb. Zentrier f Bohrk	1
3	Antriebswelle f Bohrk	1
4	Deckel f Bohrk	1
5	Dichtring f Bohrk	6
6	DIN - Spur gear 1M 20T 20PA 8FW ---S20C16H11L10.0S1	6
7	DIN - Spur gear 1M 30T 20PA 8FW ---S30C16H11L10.0S1	1
8	DIN 625 - 61900 - Full,DE,AC,Full_68	20
9	DIN 7984 - M4 x 10 --- 7.9S	4
10	DIN 912 M4 x 35 --- 20S	4
11	DIN EN ISO 10512 - M8x1.0 - N	6
12	Distanzhülse 1	6
13	Distanzhülse 2	6
14	Distanzhülse 3	1
15	Distanzhülse 4	1
16	Distanzhülse 5	1
17	Feder f Zentrier	1
18	Lock washer DIN 6799 - 8	1
19	Oberteil f Bohrk	1
20	Passfeder	1
21	Spitze f Zentrier	1
22	Unterteil f Bohrk	1

Gestell für Bohrvorrichtung zum Senken mehrerer Bohrungen

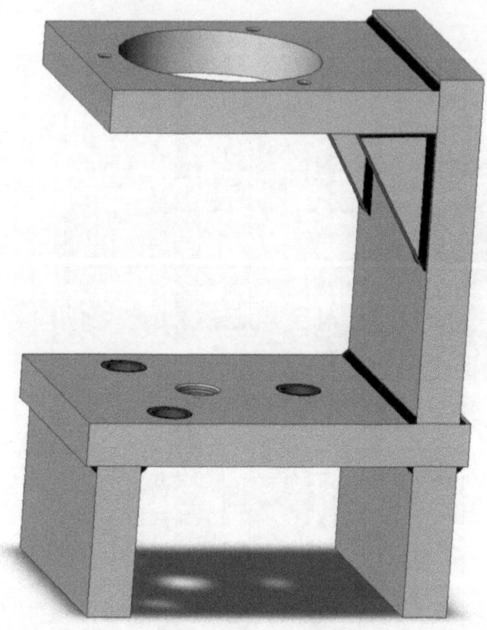

Gestell für Bohrvorrichtung zum Senken mehrerer Bohrungen mit Stückliste

POS-NR.	BENENNUNG	MENGE
1	Grundplöatte f Gestell	1
2	Stützplatte f Gestell	1
3	Kopfplatte f Gestell	1
4	Verstärkung f Gestell	2
5	Führungsbuchse	3
6	Fußleiste f Gestell	2
7	bead1	1
8	bead2	1
9	bead3	1
10	bead4	1
11	bead5	1
12	bead6	1
13	bead7	1
14	bead8	1
15	bead9	1
16	bead10	1
17	bead11	1
18	bead12	1
19	bead13	1
20	bead14	1
21	bead15	1

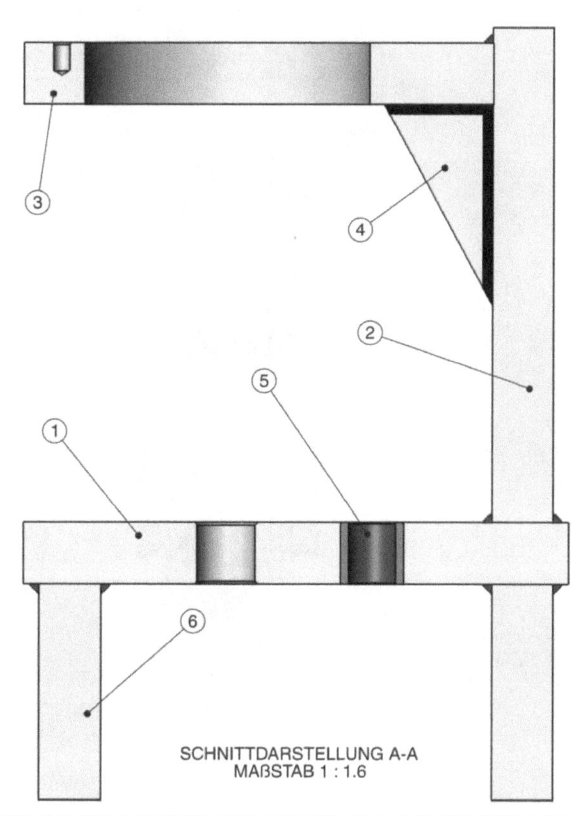

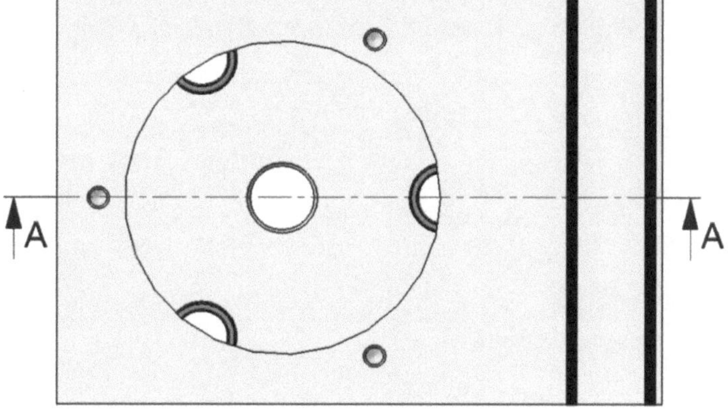

Bördelvorrichtung

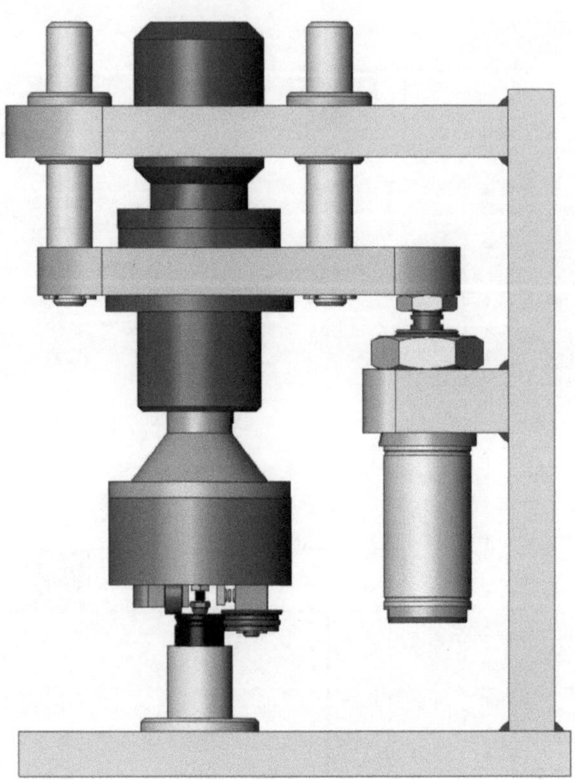

Bördelvorrichtung mit Stückliste

POS-NR.	BENENNUNG	MENGE
1	Zsb Werkstück	1
2	Zsb. Anschlag	1
3	Zsb. Gestell	1
4	Zsb. Halter f Druckr	1
5	Zsb. Kugelanschl.	1
6	Zsb. Passschr f Druckr	1
7	Zsb. Passschraube	1
8	Antriebswelle	1
9	Betätigungsrohr	1
10	Bördelarm	1
11	DIN 625 - 6001 - Full,DE,AC,Full_68	1
12	DIN 625 - 619_5 - Full,DE,AC,Full_68	1
13	DIN 625 - 638_4 - Full,DE,AC,Full_68	1
14	DIN 628 - 7200B - 8,DE,NC,8_68	1
15	DIN 7984 - M3 x 6 --- 4.5S	3
16	DIN 7984 - M4 x 6 --- 3.9S	3
17	DIN 912 M4 x 12 --- 12S	3
18	DIN 915 - M4 x 6-S	1
19	Druckrolle	1
20	Feder	1
21	Feder f Arm	1
22	Flansch f Tragp	1
23	Formrolle	1
24	Formteil außen	1
25	Formteil innen	1
26	Hexagon Thin Nut ISO 4035 - M3 - N	1
27	Hexagon Thin Nut ISO 4035 - M5 - N	1
28	Lock washer DIN 6799 - 4	1
29	Motor	1
30	Parallel Pin ISO 8734 - 4 x 12 - B - St	1
31	Passfeder	1
32	Scheibe f Druckr.	1
33	Werkstückaufn	1
34	Zwischenr f Motor	1

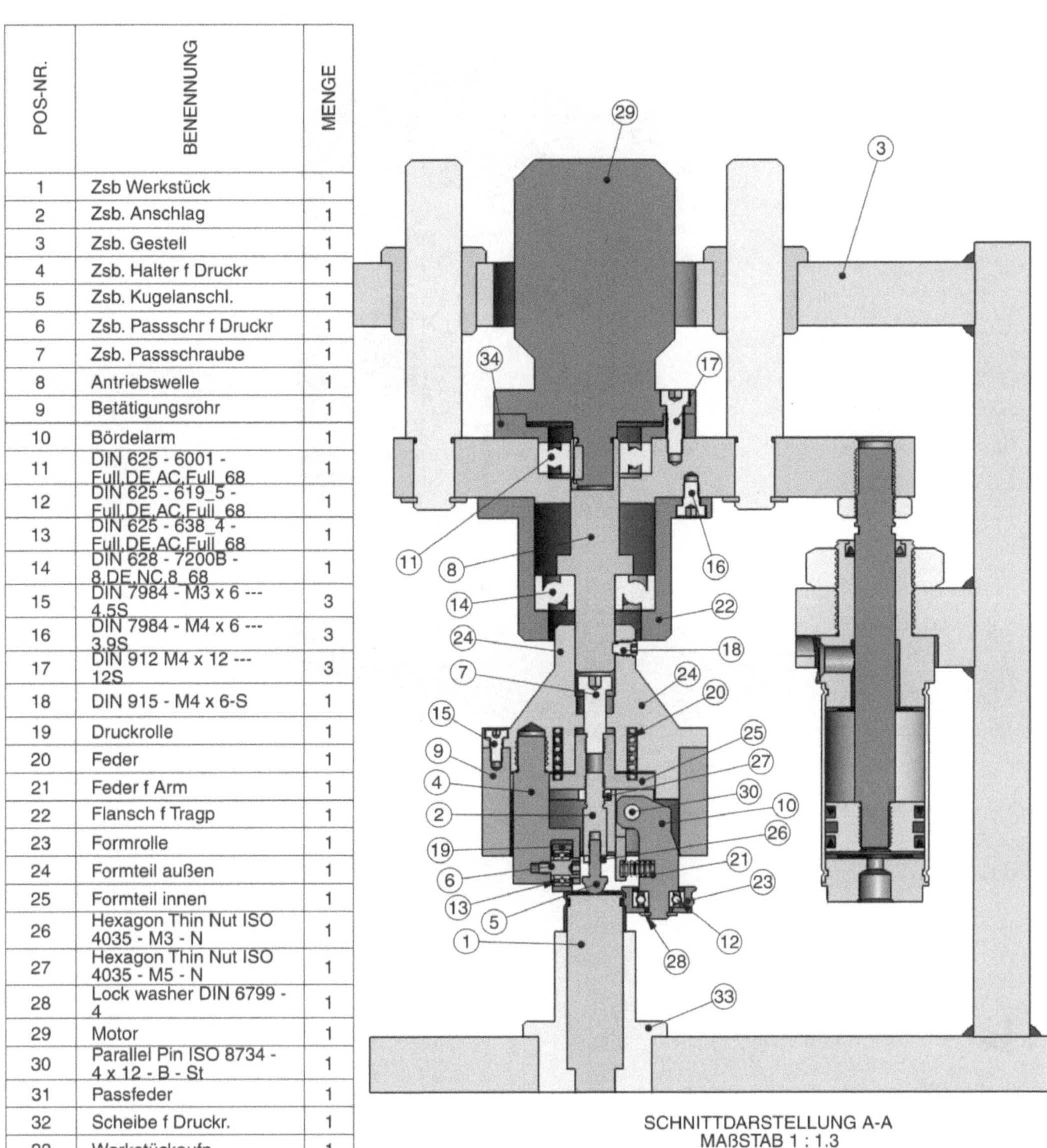

SCHNITTDARSTELLUNG A-A
MAßSTAB 1 : 1.3

Gestell für Bördelvorrichtung

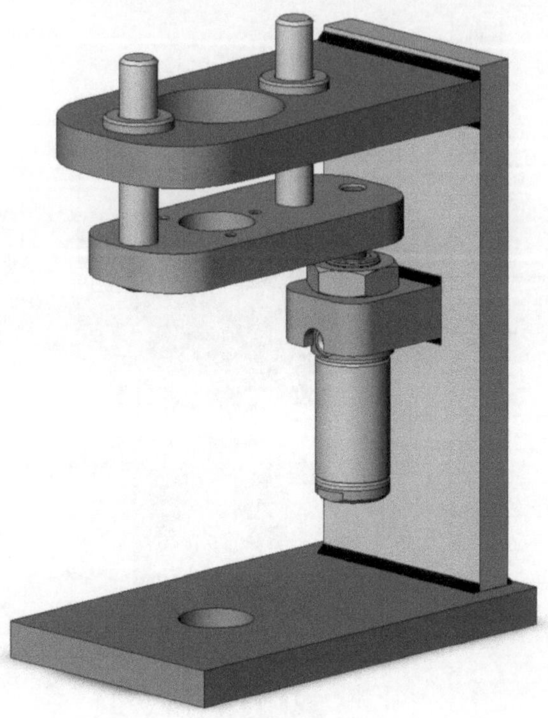

Gestell für Bördelvorrichtung mit Stückliste

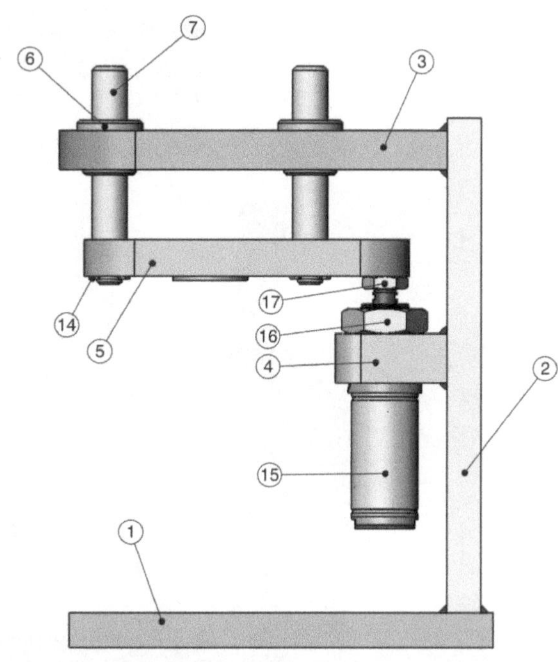

POS-NR.	BENENNUNG	BESCHREIBUNG	MENGE
1	Grundplatte		1
2	Stütze		1
3	Kopfplatte		1
4	Halter f Festo		1
5	Tragplatte		1
6	Führungsbuchse		2
7	Führungsbolzen		2
8	bead1		1
9	bead2		1
10	bead3		1
11	bead4		1
12	bead5		1
13	bead6		1
14	Lock washer DIN 6799 - 8		2
15	Festo CRDG - 25 Hub = 60		1
16	Hexagon Nut ISO 8675 - M20 x 1.5 - N		1
17	Hexagon Nut ISO 8675 - M10 x 1.0 - N		1

Demontagevorrichtung

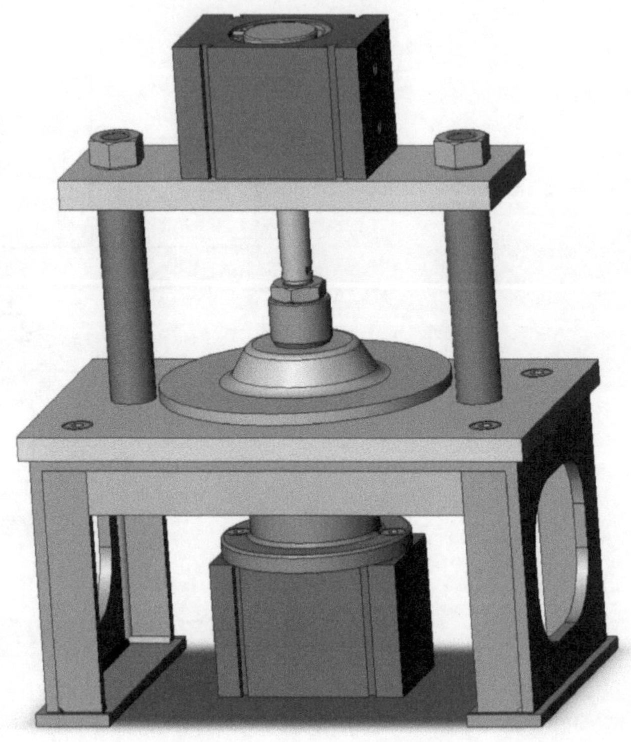

Demontagevorrichtung mit Stückliste

POS-NR.	BENENNUNG	MENGE
1	Zsb.Untergestell	1
2	Zsb. Spannb	1
3	Zsb. Federbolzen	2
4	Zsb. Säule	2
5	Zwischenring	1
6	Grundplatte	1
7	Gehäuse f Abzieher	1
8	Zange	1
9	Platte oben	1
10	Feder	2
11	Hülse	2
12	Zugkopf	1
13	Mutter f Zugkopf	1
14	Platte unten	1
15	Werkstück	1
16	Kopfplatte	1
17	Kopf f Gegenh	1
18	Zsb. Festo DMM - 32 hub 30	1
19	Zsb. Festo DMM - 32 hub 15	1
20	DIN 7984 - M5 x 12 --- 9.6S	2
21	DIN 7984 - M5 x 8 --- 5.6S	6
22	DIN 7984 - M6 x 10 --- 7S	4
23	Hexagon Nut ISO 8675 - M10 x 1.0 - N	1
24	Hexagon Nut ISO 8674 - M10 x 1.0 - W - N	4
25	DIN 625 - 6001 - Full,DE,AC,Full_68	1

SCHNITTDARSTELLUNG B-B
MAßSTAB 1 : 1.3

Zylinder für Demontagevorrichtung

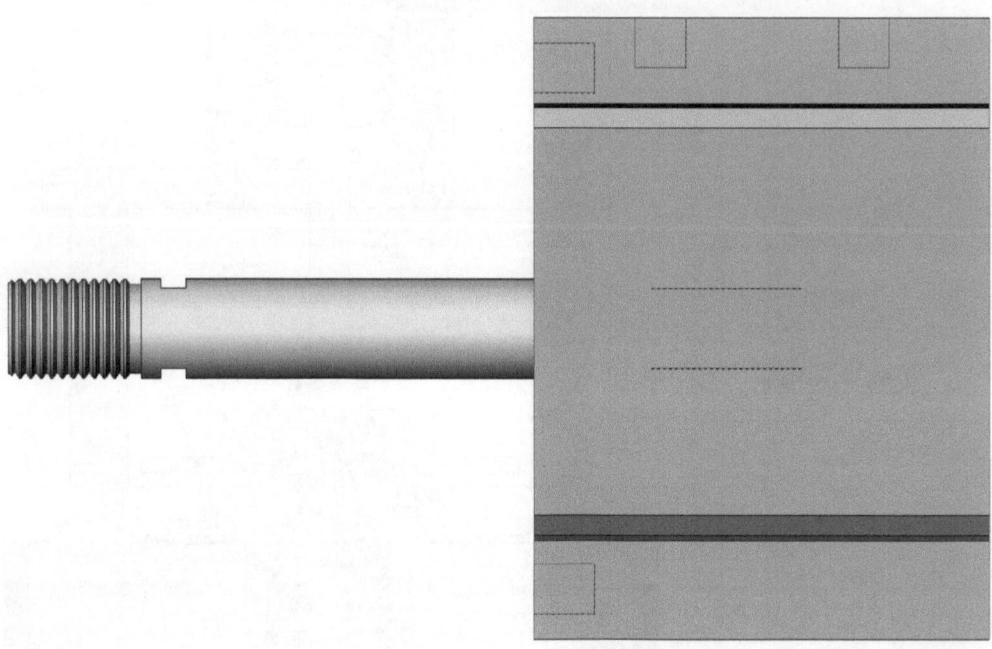

Zylinder für Demontagevorrichtung mit Stückliste

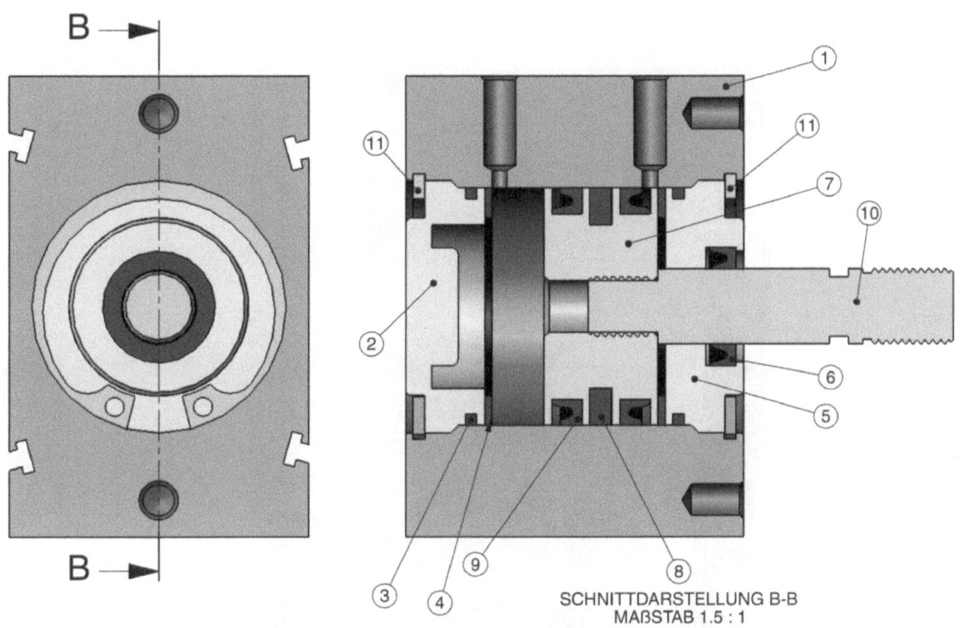

POS-NR.	BENENNUNG	BESCHREIBUNG	MENGE
1	Festo DMM - 32		1
2	Verschluss hinten		1
3	Dichtring3		2
4	Dichtring4		2
5	Verschluss vorn		1
6	Dichtring5		1
7	Kolben f Festo		1
8	Dichtring2		1
9	Dichtring1		2
10	Zsb Kolbenst hub 15		1
11	Circlip DIN 472 - 34 x 1.5		2

Einpressvorrichtung für kleine Achsabstände

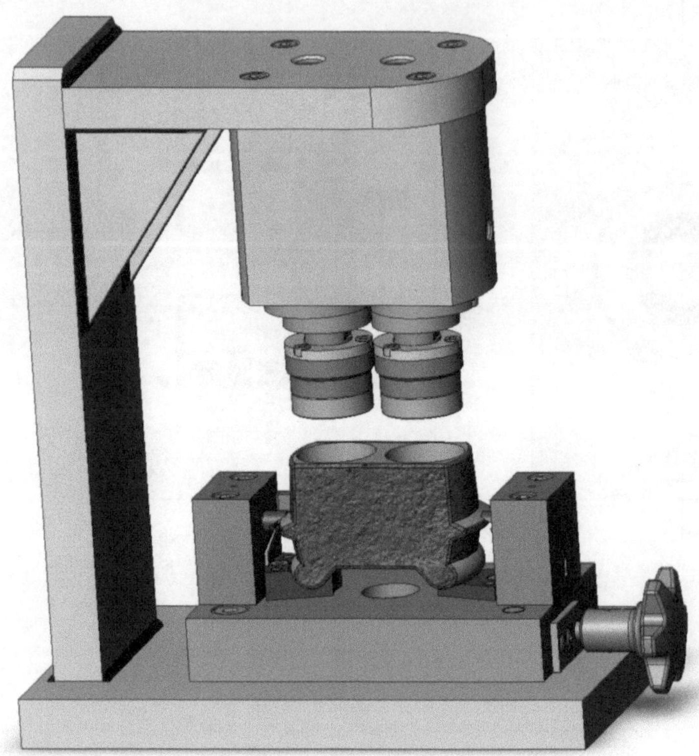

Einpressvorrichtung für kleine Achsabstände mit Stückliste

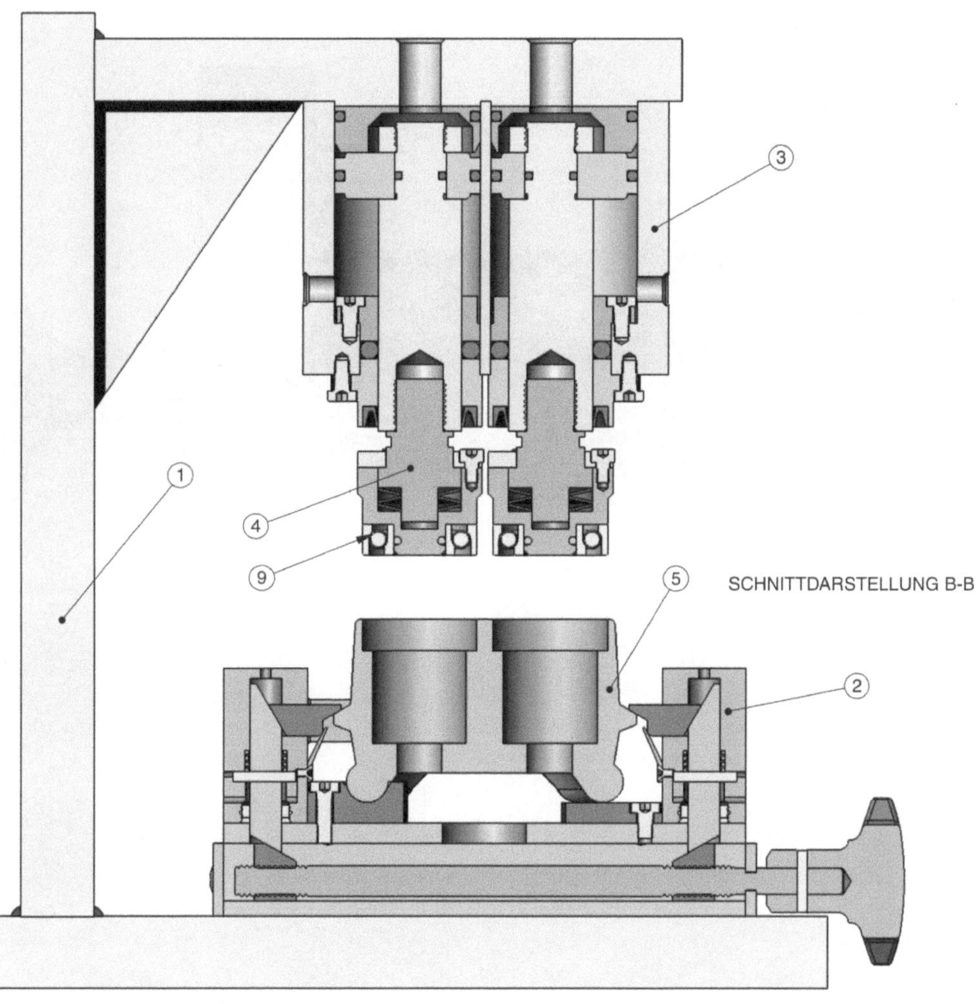

POS-NR.	BENENNUNG	MENGE
1	Zsb Gestell f MA	1
2	Zsb. Spannvorr	1
3	Zsb. Doppelzylinder	1
4	Zsb. Einstosser f Mont	2
5	Gehäuse	1
6	DIN 912 M4 x 12 --- 12S	4
7	DIN 7984 - M6 x 20 --- 17S	2
8	Parallel Pin ISO 8734 - 6 x 24 - B - St	2
9	ISO 15 ABB - 1910 - Full,DE,NC,Full_68	2

Spannvorrichtung für Einpressvorrichtung für kleine Achsabstände

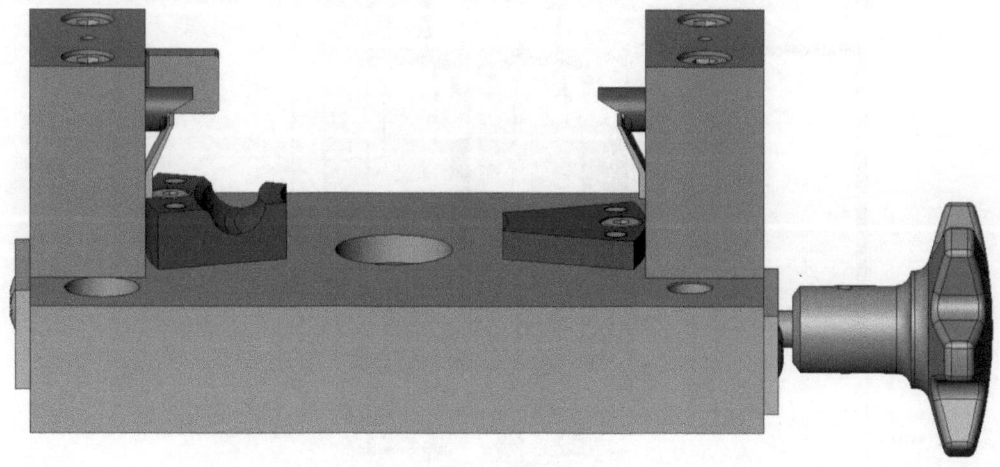

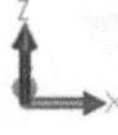

Spannvorrichtung für Einpressvorrichtung für kleine Achsabstände mit Stückliste

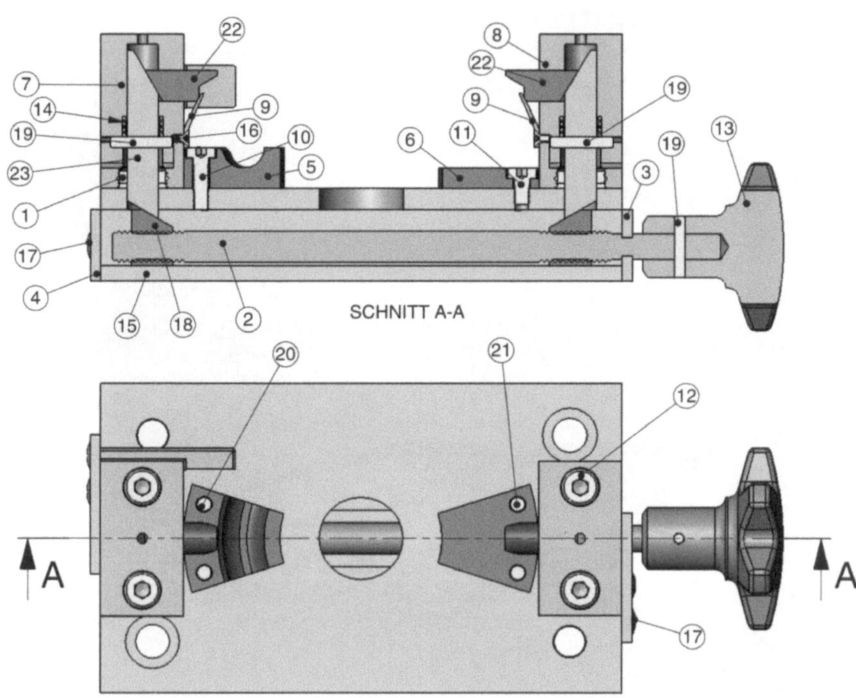

POS-NR.	BENENNUNG	BESCHREIBUNG	MENGE
1	Schraube f Spannv		2
2	Zsb. Spannwelle		1
3	Abdeckplatte 1		1
4	Abdeckplatte 2		1
5	Auflage		1
6	Auflage gerade		1
7	Aufsatz f Spannv		1
8	Aufsatz f Spannv 1		1
9	Blattfeder		2
10	DIN 7984 - M3 x 10 --- 8.5S		1
11	DIN 7984 - M3 x 5 --- 3.5S		1
12	DIN 912 M4 x 30 --- 20S		4
13	Drehgriff		1
14	Feder f Aufs		2
15	Grundp f Spannv		1
16	ISO 7046-1 - M1.6 x 3 - Z --- 3S		2
17	ISO 7047 - M3 x 4 - Z --- 4S		4
18	Keil		2
19	Parallel Pin ISO 8734 - 2 x 12 - B - St		3
20	Parallel Pin ISO 8734 - 3 x 12 - B - St		2
21	Parallel Pin ISO 8734 - 3 x 8 - B - St		2
22	Spannb 1		2
23	Spannb 2		2

Doppelzylinder für Einpressvorrichtung für kleine Achsabstände

Doppelzylinder für Einpressvorrichtung für kleine Achsabstände mit Stückliste

POS-NR.	BENENNUNG	MENGE
1	Zsb. Kolbenstange	2
2	Doppelzylinder	1
3	Scheibe f Zyl	2
4	Buchse 1 f Zyl	2
5	Buchse 2 f Zyl	2
6	Kolben	2
7	O-Ring 28x2	4
8	O-Ring 23x3,5	2
9	Dichtring f Kolbenst	2
10	O-Ring f Einst	2
11	DIN 7984 - M3 x 6 --- 4.5S	4
12	Hexagon Nut ISO - 8675 - M10 x 1.0 - N	2

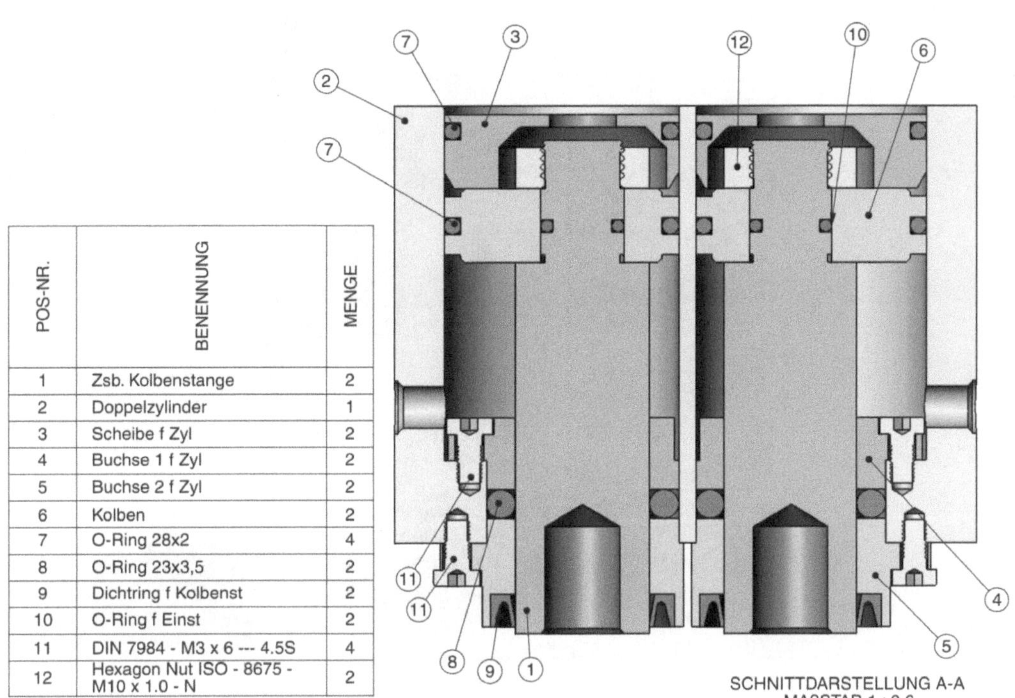

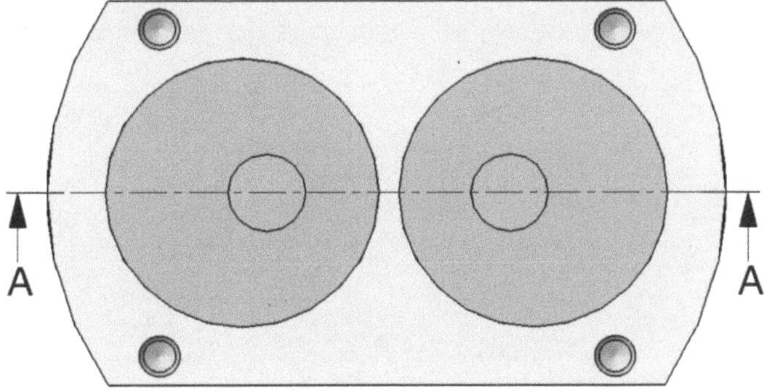

Einpressvorrichtung für Lagerbuchse

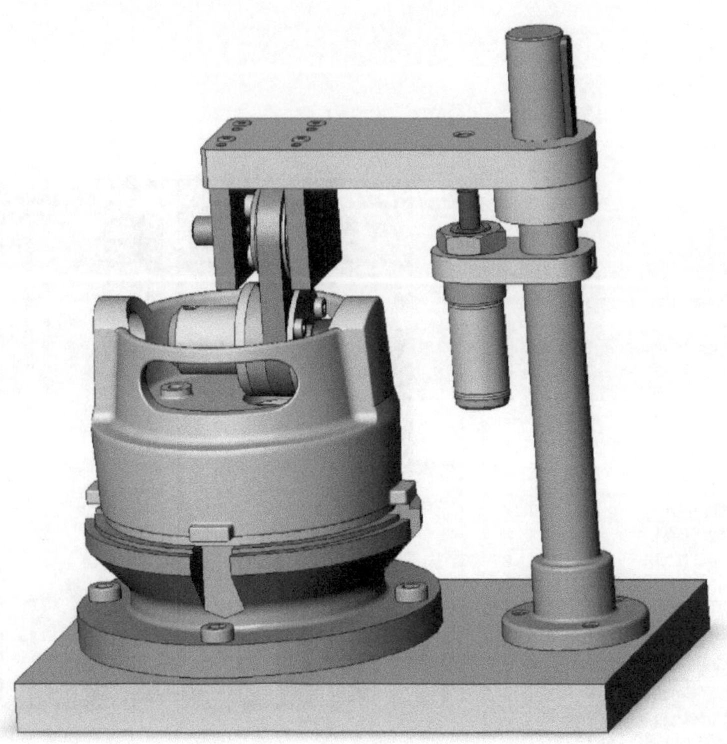

Einpressvorrichtung für Lagerbuchse mit Stückliste

SCHNITTDARSTELLUNG A-A
MAßSTAB 1 : 1.7

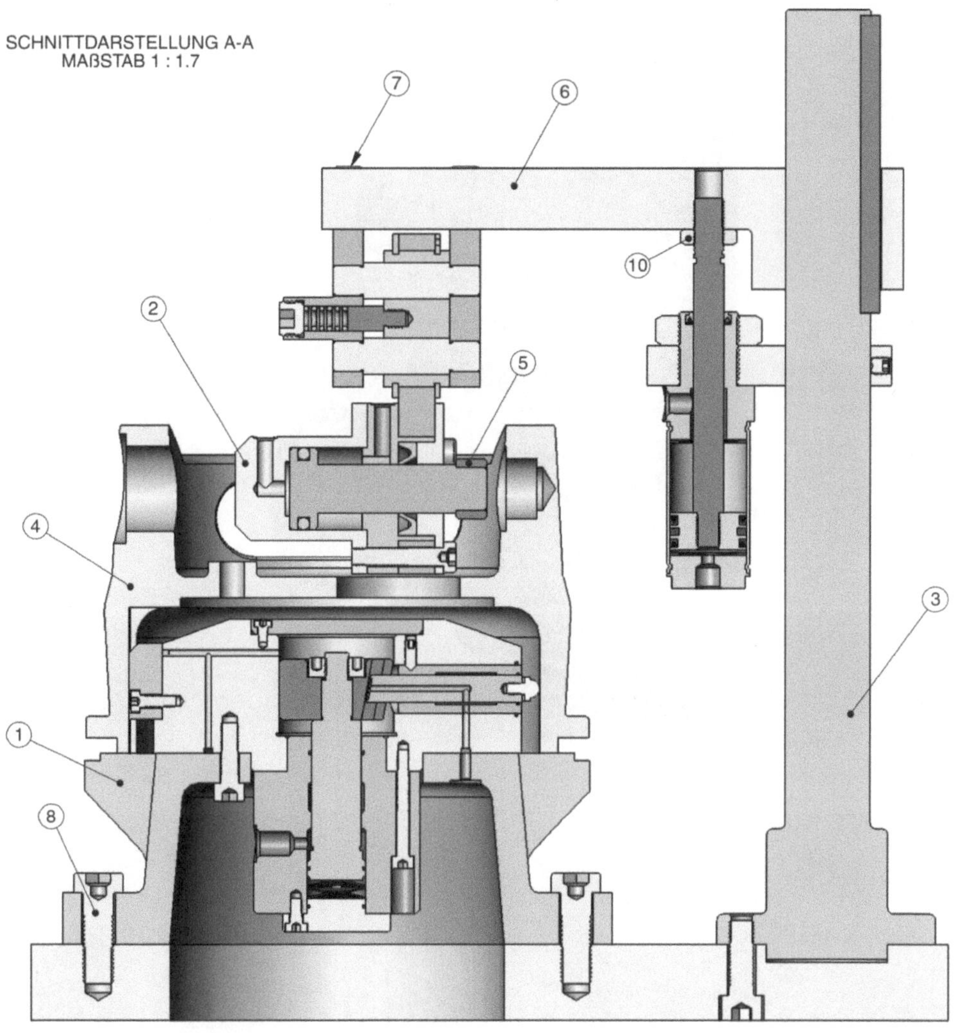

POS-NR.	BENENNUNG	BESCHREIBUNG	MENGE
1	Zsb. Spannvorr f Mont-Gleitl		1
2	Zsb. schwimmende Querlagerung		1
3	Zsb Gestell f Mont-Lagerb		1
4	Gehäuse		1
5	Lagerbuchse		1
6	Kopfplatte f Gest		1
7	DIN 7984 - M5 x 25 --- 22.6S		4
8	DIN 6912 - M10 x 30 --- 22S		4
9	Parallel Pin ISO 8734 - 5 x 28 - B - St		4
10	Hexagon Nut ISO - 8675 - M10 x 1.0 - N		1

Schwimmende Lagerung für Einpressvorrichtung für Lagerbuchse

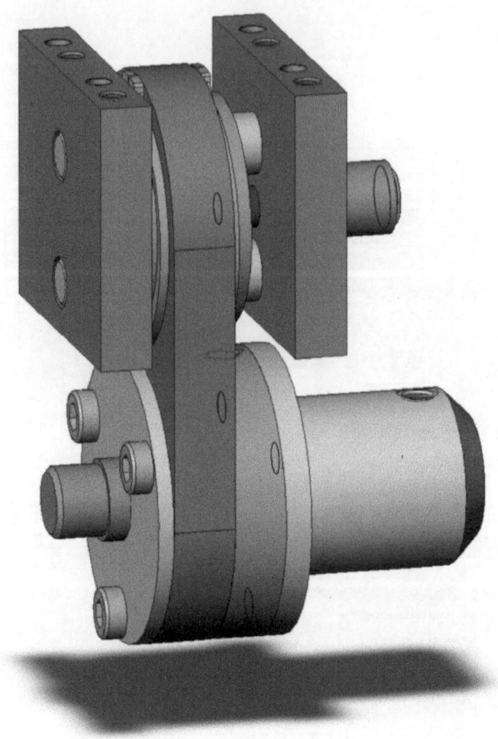

Schwimmende Lagerung für Einpressvorrichtung für Lagerbuchse mit Stückliste

POS-NR.	BENENNUNG	MENGE
1	Zsb. Federb f Querl	1
2	Arm f Querl	1
3	Bolzen f Querl	2
4	Circlip DIN 471 - 45 x 1.75	2
5	Deckel f Querl	1
6	Dichtring f Querl	1
7	DIN 6912 - M6 x 30 --- 18S	3
8	Feder f Querl	1
9	ISO 4026 - M12 x 8-S	1
10	Kolben f Querl	1
11	Lagerscheibe f Querl	1
12	O-Ring f Querl	1
13	Platte 1 f Querl	1
14	Platte 2 f Querl	1
15	Zylinder f Querl	1
16	Zylinderdeckel f Querl	1

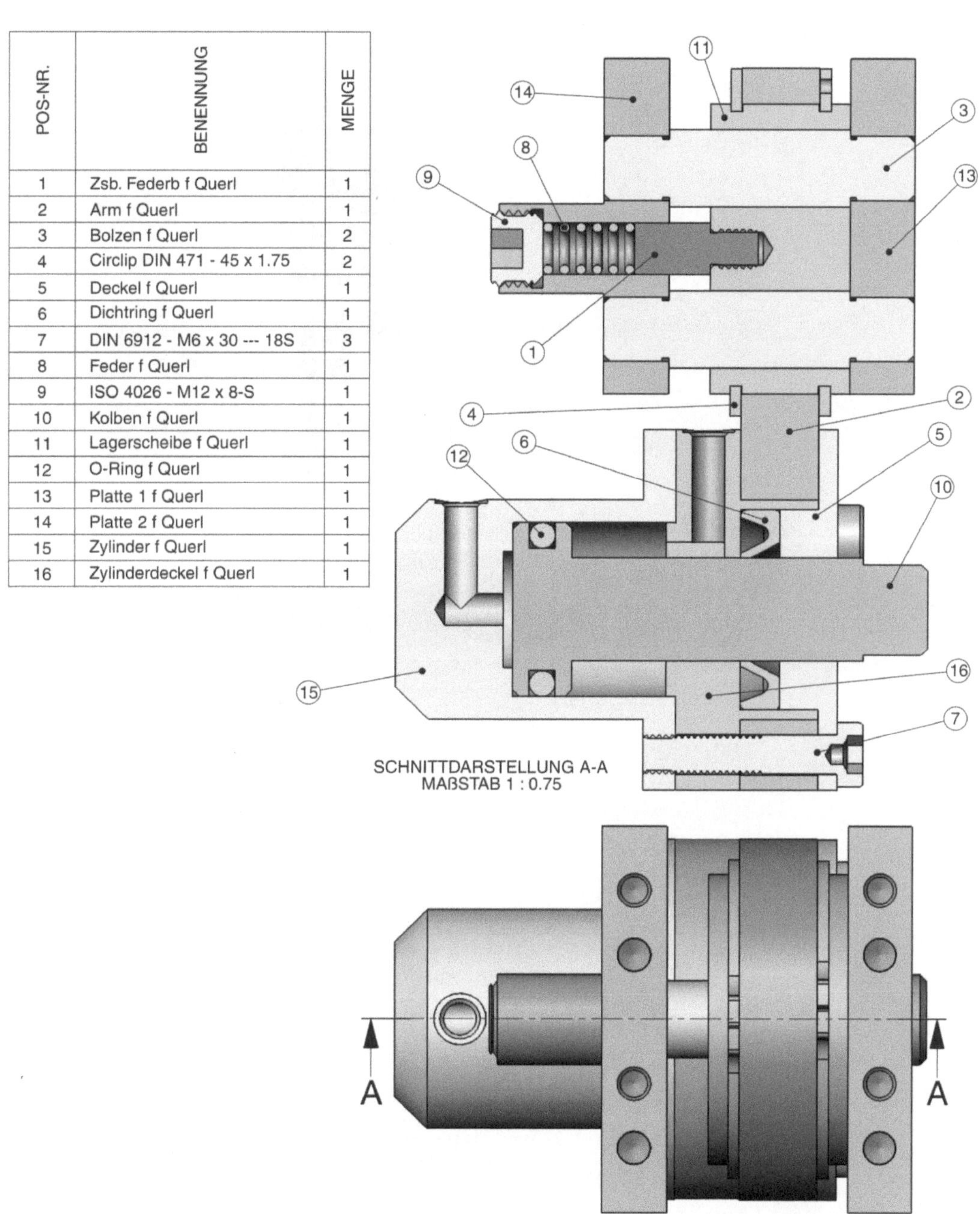

Gestell für Einpressvorrichtung für Lagerbuchse

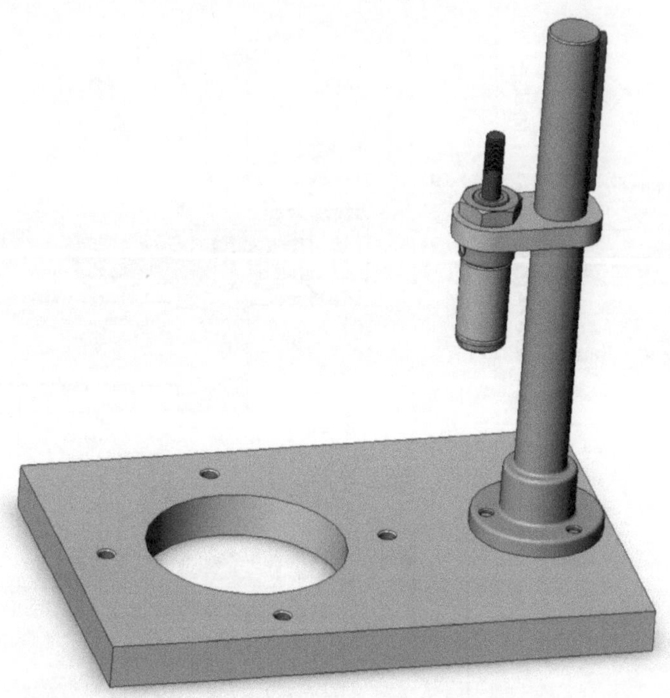

Gestell für Einpressvorrichtung für Lagerbuchse mit Stückliste

POS-NR.	BENENNUNG	MENGE
1	Grundplatte	1
2	Halter f Festo	1
3	Führungssäule f Gest	1
4	Passfeder f Gest	1
5	DIN 912 M8 x 25 --- 25S	3
6	DIN 916 - M6 x 6-S	1
7	Festo CRDG - 25 Hub = 60	1
8	Hexagon Nut ISO 8675 - M20 x 1.5 - N	1

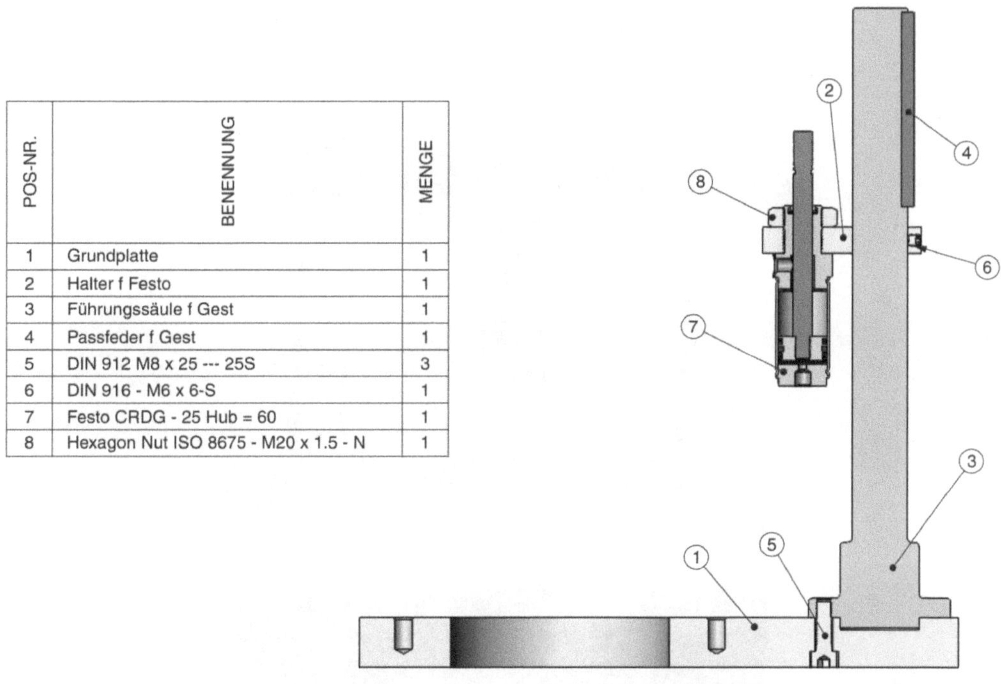

SCHNITTDARSTELLUNG A-A
MASSTAB 1 : 2.5

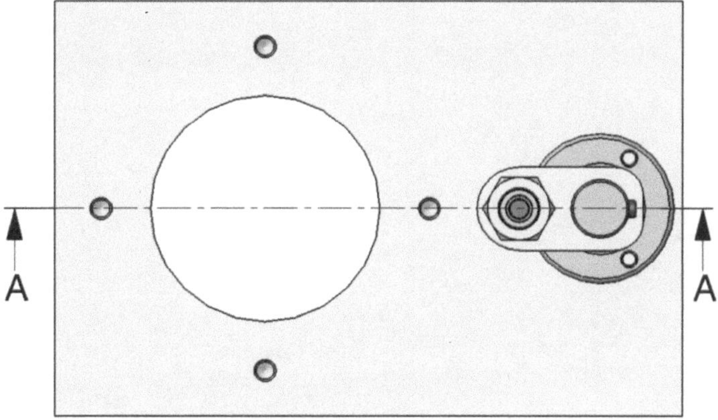

Einpressvorrichtung für Kugellager mit hydraulischem Gegenhalter

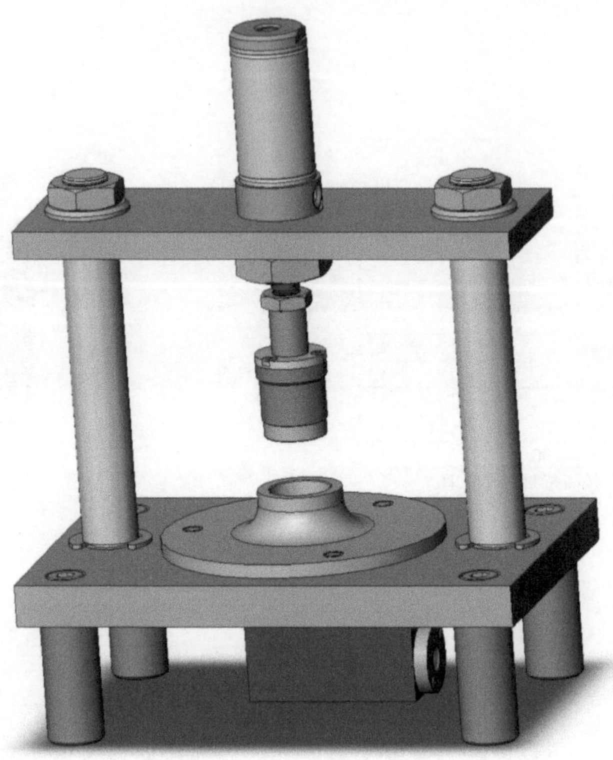

Einpressvorrichtung für Kugellager mit hydraulischem Gegenhalter mit Stückliste

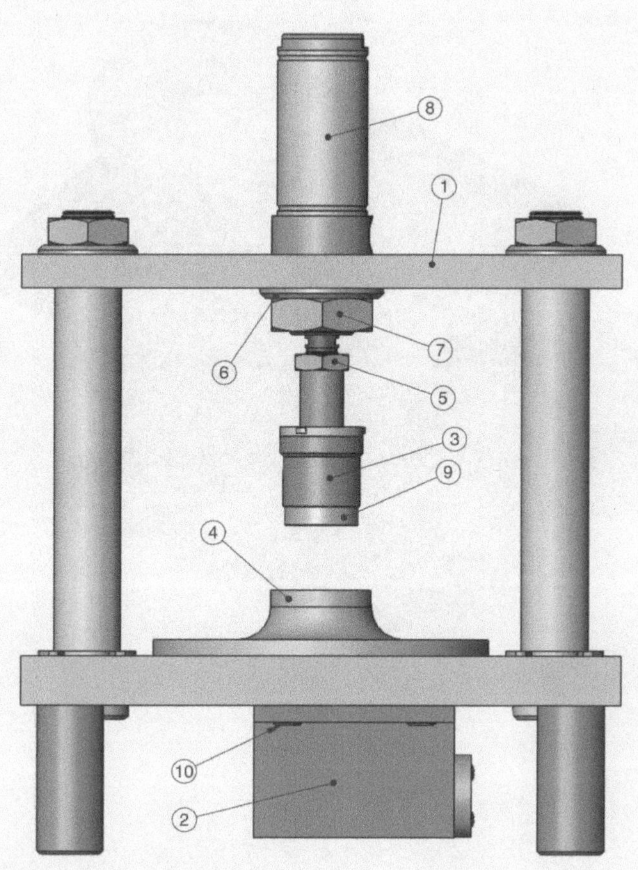

POS-NR.	BENENNUNG	BESCHREIBUNG	MENGE
1	Zsb. Gestell		1
2	Zsb. Gegenhalter		1
3	Zsb. Einstosser		1
4	Werkstück		1
5	Hexagon Thin Nut ISO 4035 - M10 - N		1
6	Washer ISO 7090 - 20		1
7	Hexagon Nut ISO 8675 - M20 x 1.5 - N		1
8	Festo CRDG - 25 Hub = 60		1
9	DIN 625 - 61900 - Full,DE,AC,Full_68		1
10	DIN 7984 - M5 x 8 --- 5.6S		4

Hydraulischer Gegenhalter für Einpressvorrichtung für Kugellager

Hydraulischer Gegenhalter für Einpressvorrichtung für Kugellager mit Stückliste

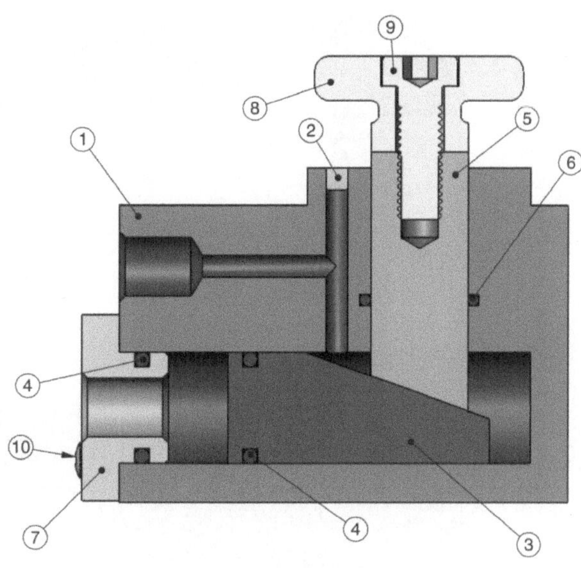

SCHNITTDARSTELLUNG A-A
MAßSTAB 1.5 : 1

POS-NR.	BENENNUNG	MENGE
1	Gehäuse f Gegenh	1
2	Stopfen f Gegenh	1
3	Zylinder	1
4	O-Ring f Zyl	2
5	Stössel f Gegenh	1
6	O-Rinng f Stössel	1
7	Deckel f Gegenh	1
8	Kopf f Gegenh	1
9	DIN 7984 - M6 x 18 --- 15S	1
10	ISO 7047 - M2.5 x 8 - Z --- 8S	2

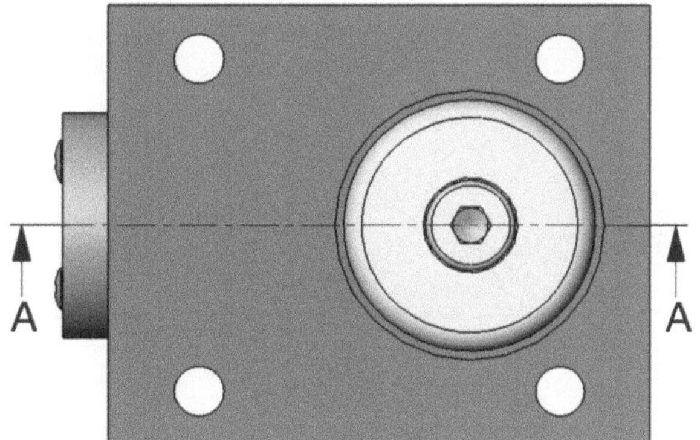

Gestell für Einpressvorrichtung für Kugellager

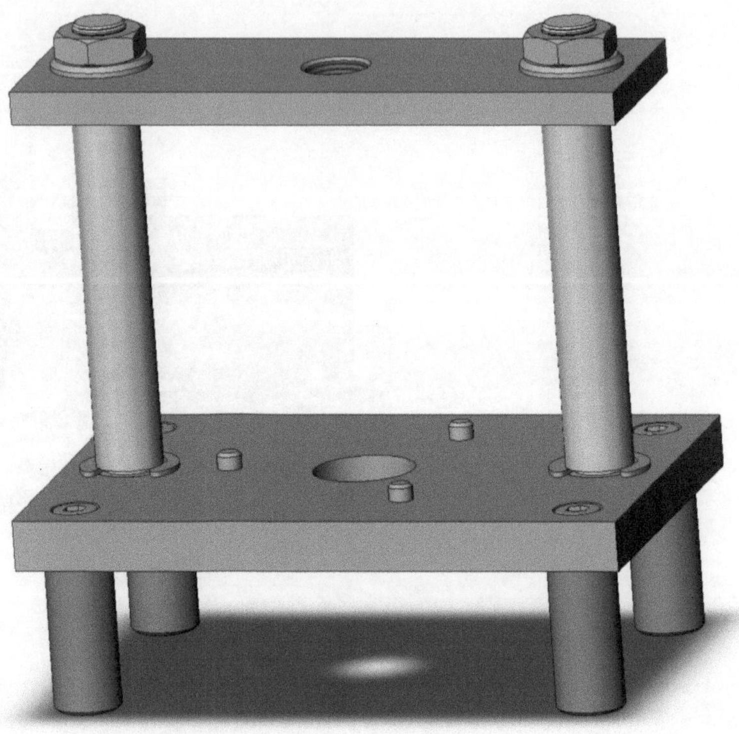

Gestell für Einpressvorrichtung für Kugellager mit Stückliste

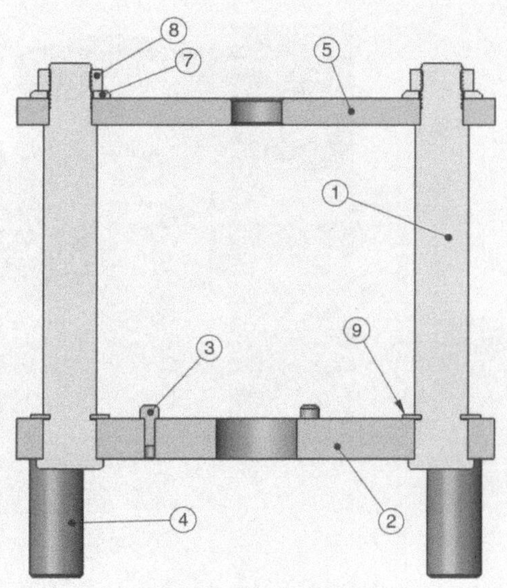

SCHNITTDARSTELLUNG A-A
MAßSTAB 1 : 2

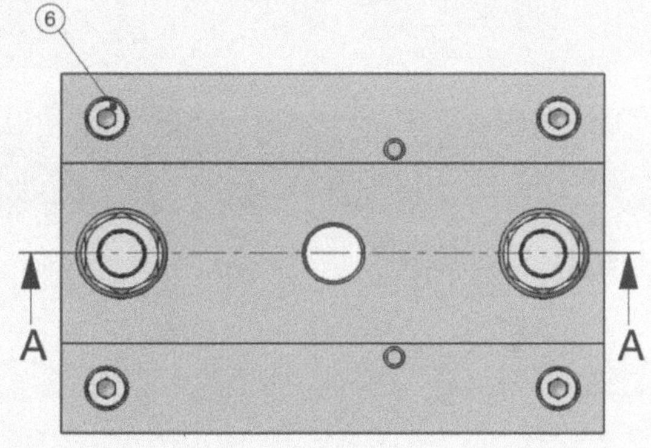

POS-NR.	BENENNUNG	MENGE
1	Zsb Säule	2
2	Grundplatte	1
3	Fixierbolzen	3
4	Fuss	4
5	Kopfplatte	1
6	ISO 4762 M8 x 16 --- 16S	4
7	Washer ISO 7090 - 16	2
8	Hexagon Nut ISO 8675 - M16 x 1.5 - N	2
9	Lock washer DIN 6799 - 15	2

Handspannvorrichtung mit Spannexzenter

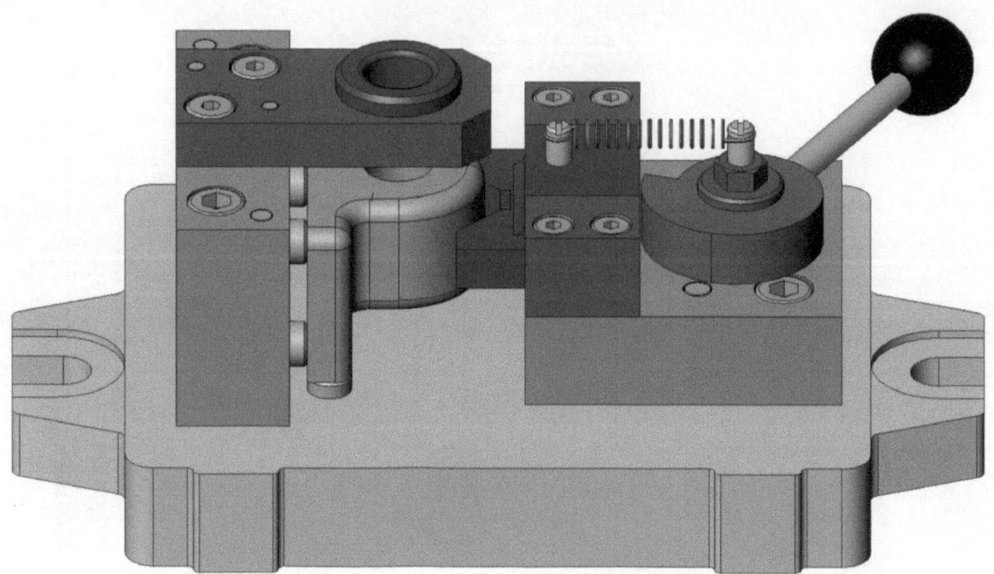

Handspannvorrichtung mit Spannexzenter mit Stückliste

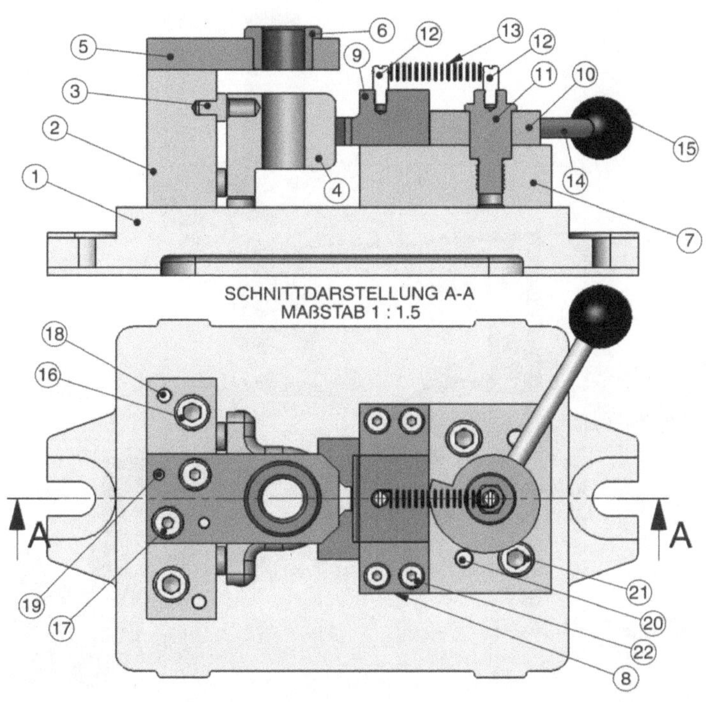

POS-NR.	BENENNUNG	BESCHREIBUNG	MENGE
1	Grundplatte		1
2	Aufbau 1		1
3	Anschlag		5
4	Werkstück		1
5	Halter f Bohrb		1
6	Bundbohrbuchse		1
7	Aufbau 2		1
8	Führungsschiene		2
9	Spannprisma		1
10	Spannexzenter		1
11	Zsb.Passschr		1
12	Zsb Federb		2
13	Zsb. Feder		1
14	Zsb. Stange		1
15	Kugel		1
16	DIN 912 M6 x 40 --- 24S		2
17	DIN 7984 - M5 x 10 --- 10S		2
18	Parallel Pin ISO 8734 - 4 x 40 - B - St		2
19	Parallel Pin ISO 8734 - 3 x 14 - B - St		2
20	Parallel Pin ISO 8734 - 5 x 24 - B - St		2
21	DIN 912 M6 x 20 --- 20S		2
22	DIN 7984 - M4 x 18 --- 15.9S		4

Montagevorrichtung für Dichtring und Stopfen

Montagevorrichtung für Dichtring und Stopfen mit Stückliste

SCHNITTDARSTELLUNG B-B
MAßSTAB 1 : 1.2

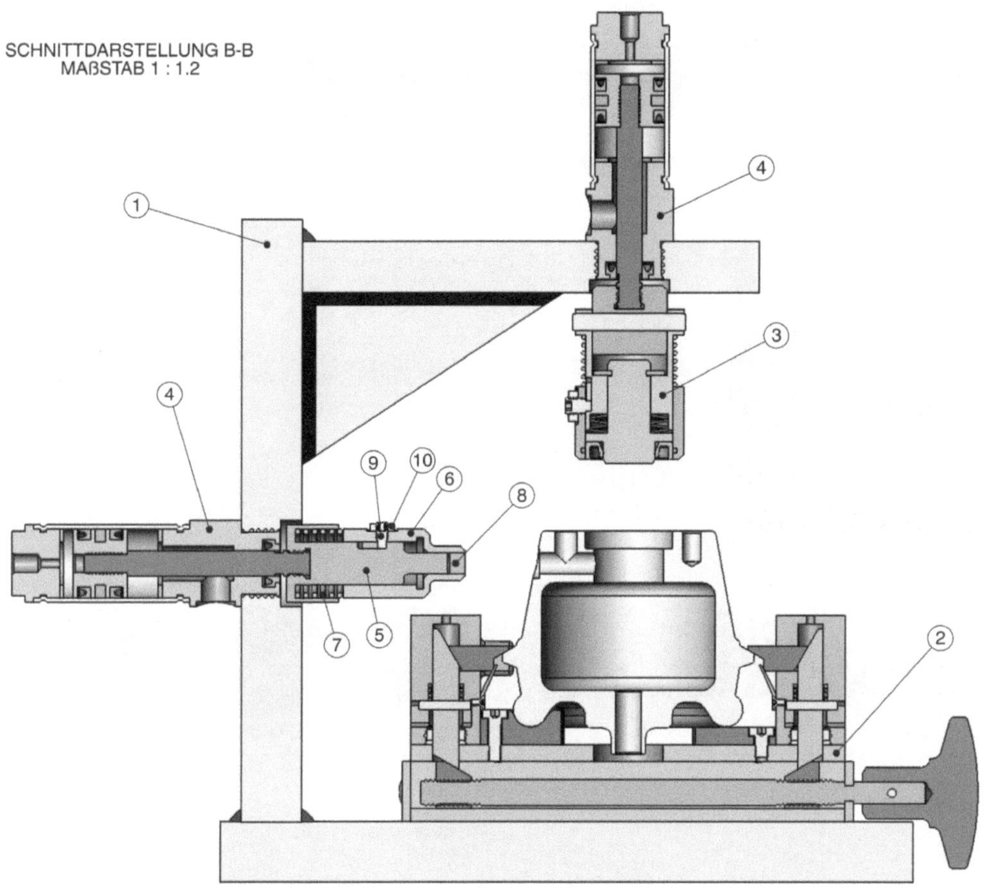

POS-NR.	BENENNUNG	BESCHREIBUNG	MENGE
1	Zsb Gestell		1
2	Zsb. Spannvorr		1
3	Zsb. Einstosser Dichtr		1
4	Festo CRDG -16 Hub = 60		2
5	Stössel f Stopfen		1
6	Führung f Stopfen		1
7	Feder f Einst		1
8	Stopfen f Werkst		1
9	DIN 915 - M3 x 6-S		1
10	Hexagon Thin Nut ISO 4035 - M3 - N		1
11	DIN 7984 - M6 x 20 --- 17S		2
12	Parallel Pin ISO 8734 - 6 x 24 - B - St		2

Gestell für Montagevorrichtung für Dichtring und Stopfen

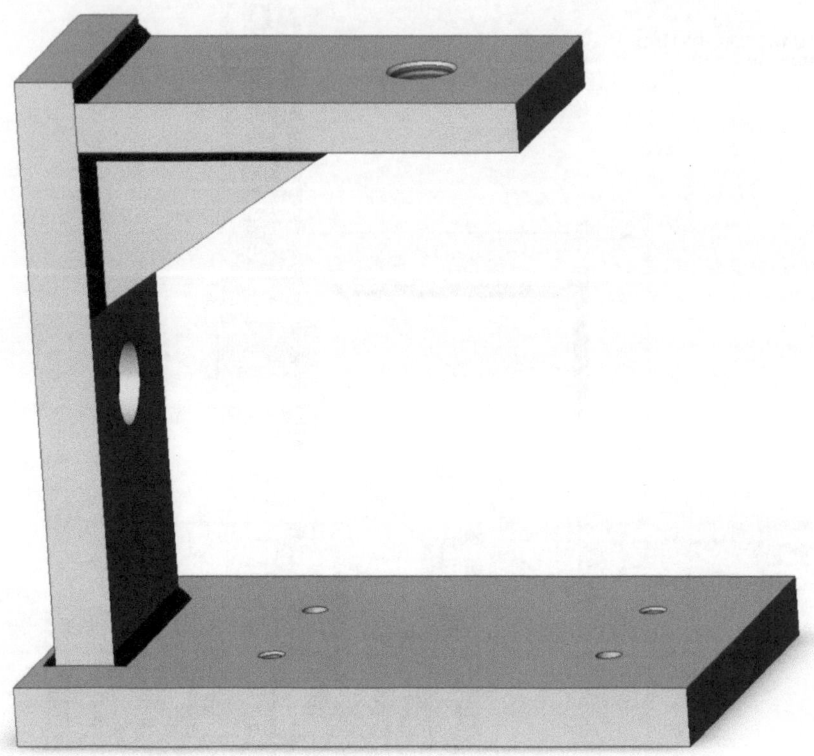

Gestell für Montagevorrichtung für Dichtring und Stopfen mit Stückliste

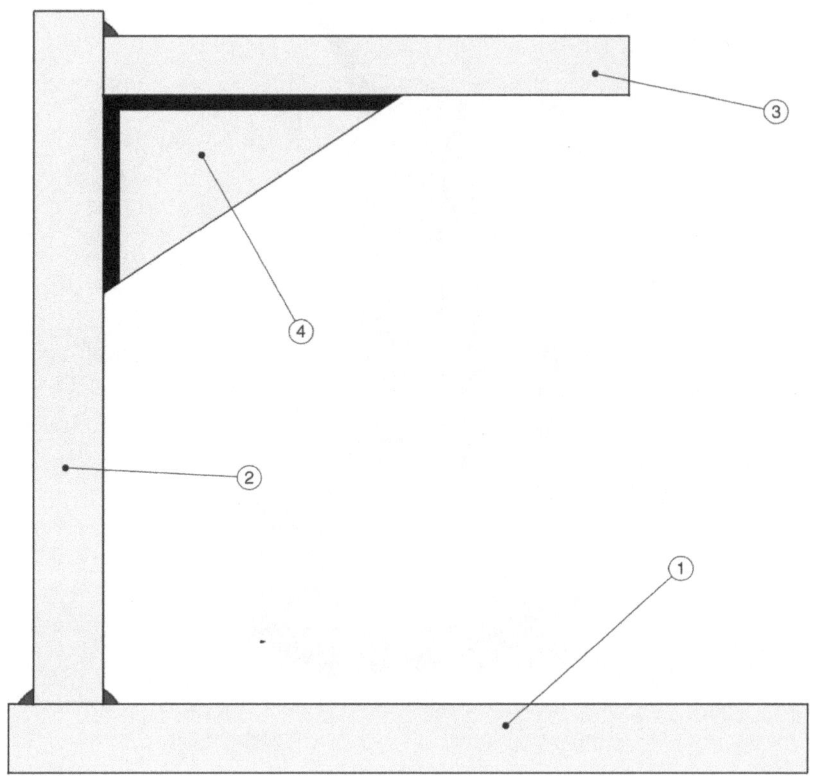

POS-NR.	BENENNUNG	BESCHREIBUNG	MENGE
1	Grundplatte		1
2	Stütze		1
3	Kopfplatte		1
4	Verstärkung f Gestell		2
5	bead1		1
6	bead2		1
7	bead3		1
8	bead4		1
9	bead5		1
10	bead6		1
11	bead7		1
12	bead8		1
13	bead9		1
14	bead10		1
15	bead11		1

Montagevorrichtung für O-Ringe

Montagevorrichtung für O-Ringe mit Stückliste

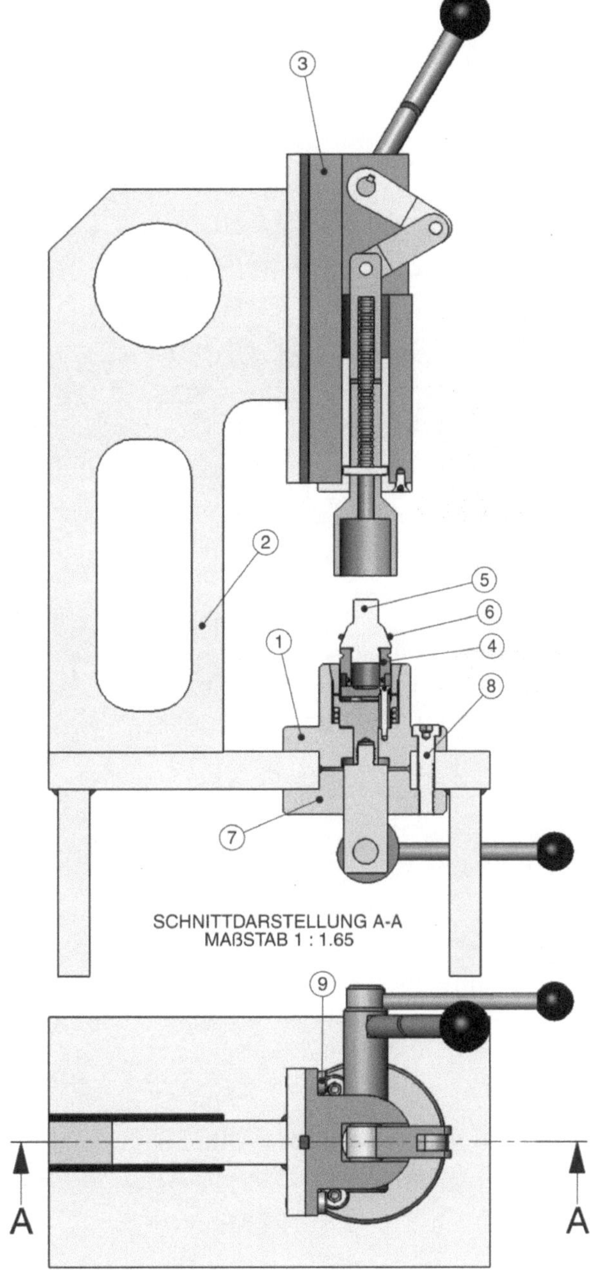

POS-NR.	BENENNUNG	MENGE
1	Zsb. Spannaufnahme	1
2	Zsb. Gestell	1
3	Zsb. Einstosser	1
4	Werkstück	1
5	Aufnahmekegel	1
6	O-Ring	1
7	Deckel f Spannv	1
8	DIN 6912 - M5 x 25 --- 16S	3
9	DIN 6912 - M4 x 10 --- 6.5S	4

Getriebe

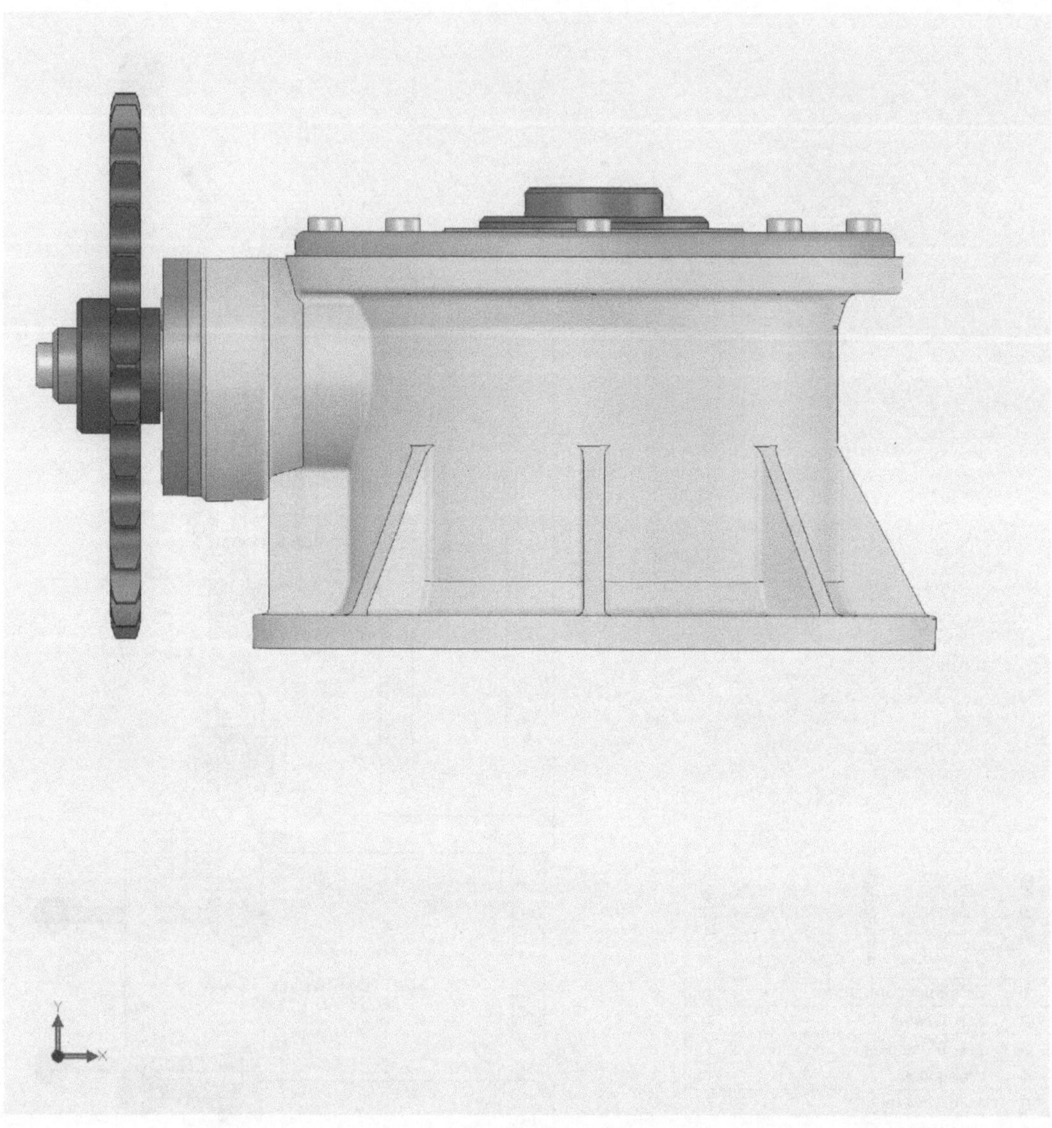

Getriebe mit Stückliste

POS-NR.	BENENNUNG	MENGE
1	Zsb.Kettenrad	1
2	Zsb.Tellerrad	1
3	Zsb.Triebling	1
4	Circlip DIN 472 - 40 x 1.75	2
5	Circlip DIN 472 - 55 x 2	1
6	Deckel Triebl	1
7	Deckel unter Tellr	1
8	Dichtr Triebl	1
9	DIN 625 - 16006 - Full,DE,NC,Full_68	1
10	DIN 625 - 6203 - Full,DE,NC,Full_68	1
11	DIN 628 - 7203B - 10,DE,NC,10_68	2
12	DIN 628 - 7205B - 12,DE,NC,12_68	1
13	DIN 7984 - M6 x 14 --- 14S	8
14	DIN 7984 - M6 x 18 --- 15S	3
15	DIN 7984 - M8 x 18 --- 14.25S	1
16	DIN 913 - M5 x 6-S	2
17	Distanzhülse-Tr	1
18	Distanzsch	2
19	Distanzsch2	1
20	Druckst Kettenr	1
21	Gehäuse1	1
22	Gehäuse2	1
23	Getriebedeckel	1
24	Hülse f Dichtr	1
25	ISO 4018 - M5 x 10-WS	3
26	Kugelscheibe1	1
27	Kugelscheibe2	1
28	Lagerhülse f Triebl	1
29	Schutzdeckel	1
30	Spannh Auß Kettenr	1
31	Spannh Inn Kettenr	1
32	Verrstärk-1	7
33	Verstärk-2	1
34	Verstärk-3	4
35	Zsb5	1

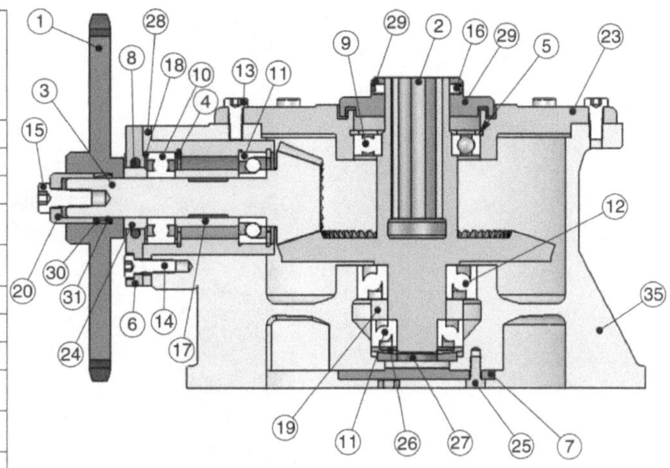

SCHNITTDARSTELLUNG A-A
MAßSTAB 1 : 2.25

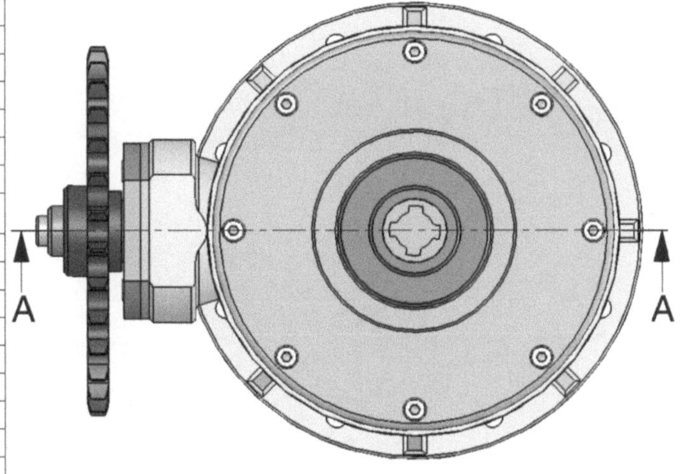

Montagevorrichtung für 2 Außenlagerringe

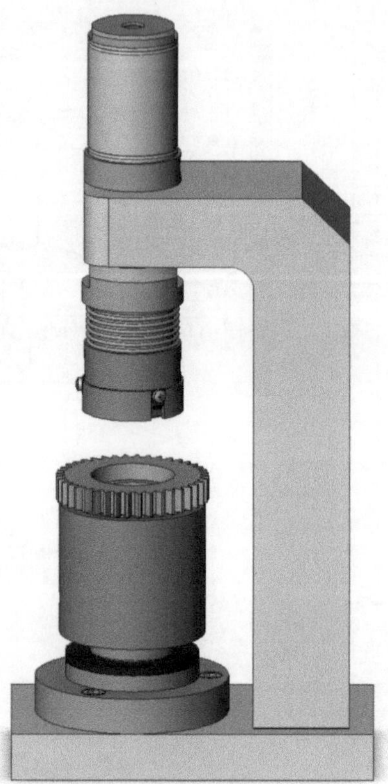

Montagevorrichtung für 2 Außenlagerringe mit Stückliste

POS-NR.	BENENNUNG	MENGE
1	Plattfeder	3
2	Einstosser T1	1
3	Einstosser T2	1
4	Feder f Einstosser	1
5	Parallel Pin ISO 8734 - 6 x 40 - B - St	1
6	ISO 7045 - M3 x 4 - Z --- 4S	3

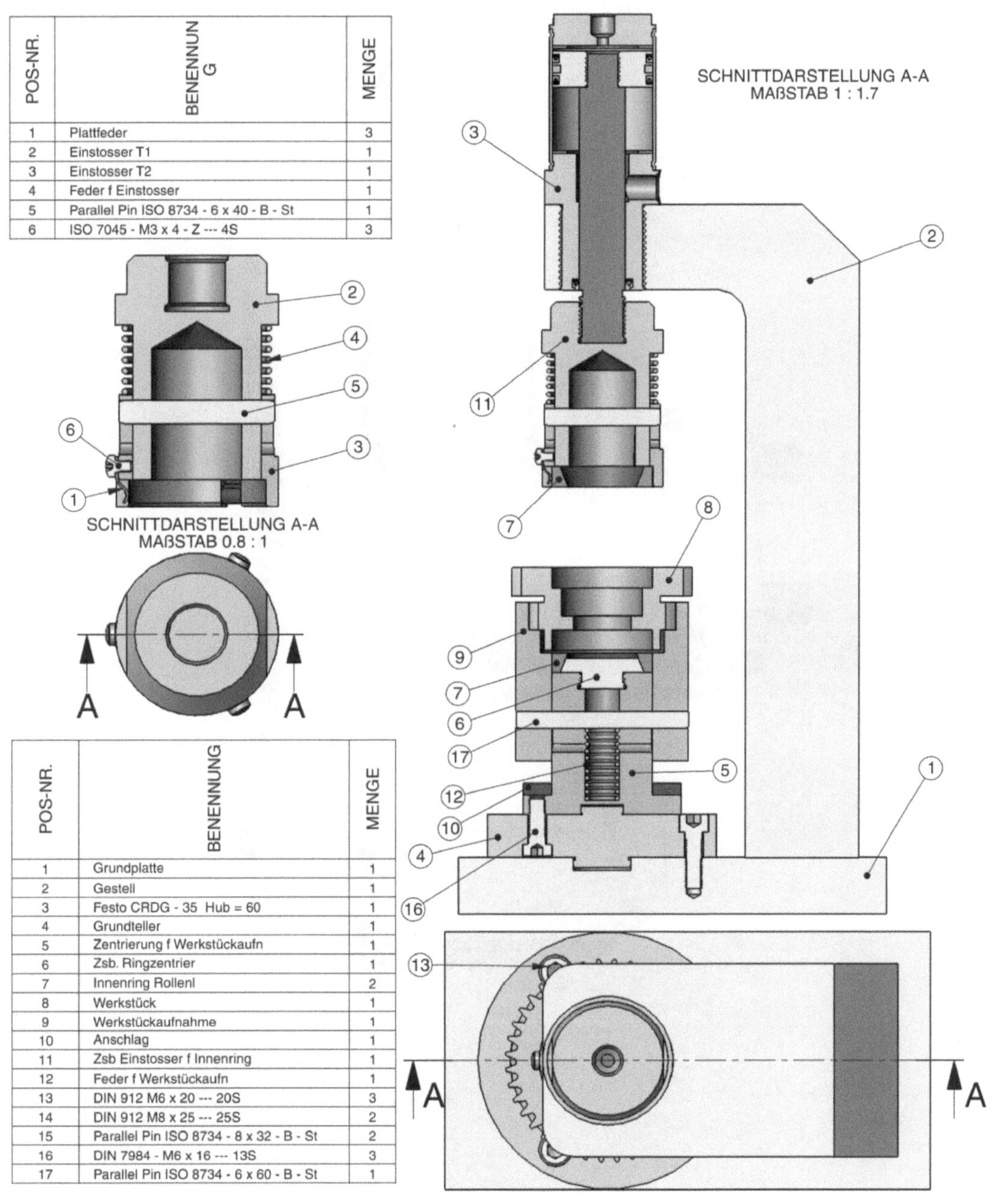

SCHNITTDARSTELLUNG A-A
MAßSTAB 0.8 : 1

SCHNITTDARSTELLUNG A-A
MAßSTAB 1 : 1.7

POS-NR.	BENENNUNG	MENGE
1	Grundplatte	1
2	Gestell	1
3	Festo CRDG - 35 Hub = 60	1
4	Grundteller	1
5	Zentrierung f Werkstückaufn	1
6	Zsb. Ringzentrier	1
7	Innenring Rollenl	2
8	Werkstück	1
9	Werkstückaufnahme	1
10	Anschlag	1
11	Zsb Einstosser f Innenring	1
12	Feder f Werkstückaufn	1
13	DIN 912 M6 x 20 --- 20S	3
14	DIN 912 M8 x 25 --- 25S	2
15	Parallel Pin ISO 8734 - 8 x 32 - B - St	2
16	DIN 7984 - M6 x 16 --- 13S	3
17	Parallel Pin ISO 8734 - 6 x 60 - B - St	1

NC-Greif- und Einpresseinheit

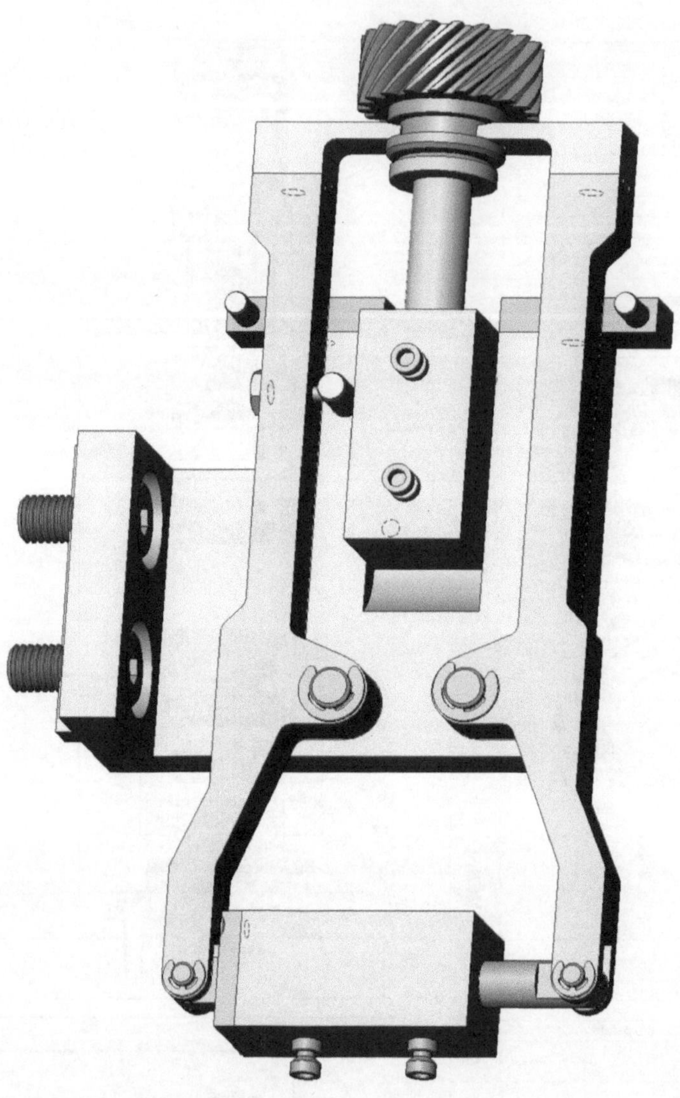

NC-Greif- und Einpresseinheit mit Stückliste

SCHNITTDARSTELLUNG A-A
MAßSTAB 1 : 1.1

POS-NR.	BENENNUNG	MENGE
1	Grundplatte	1
2	Greifarm	2
3	Bolzen f Greifarm	2
4	Anschlagflansch	2
5	Finger	2
6	Zsb. Zahnrad	1
7	Schunk Einstoßer	1
8	Steckdose	4
9	Gelenkstück1	1
10	Bolzen f Spanner	2
11	Schunk Spanner	1
12	Gelenkstück2	1
13	Lock washer DIN 6799 - 5	2
14	Lock washer DIN 6799 - 3.2	2
15	DIN 7984 - M4 x 14 --- 11.9S	2
16	DIN 7984 - M4 x 8 --- 5.9S	2
17	DIN 7984 - M3 x 6 --- 4.5S	2
18	DIN 7984 - M8 x 16 --- 12.25S	2
19	ISO 7046-1 - M3 x 6 - Z --- 6S	2
20	Parallel Pin ISO 8734 - 4 x 18 - B - St	2
21	Parallel Pin ISO 8734 - 3 x 10 - B - St	2
22	Parallel Pin ISO 8734 - 5 x 20 - B - St	1
23	DIN 915 - M4 x 12-S	1
24	Hexagon Thin Nut ISO 4035 - M4 - N	1

A   A

Niederzugspanner

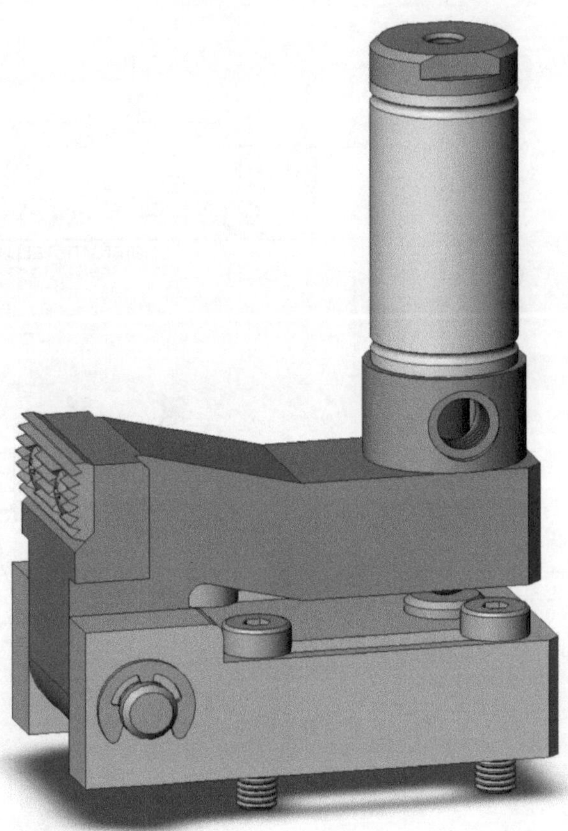

Niederzugspanner mit Stückliste

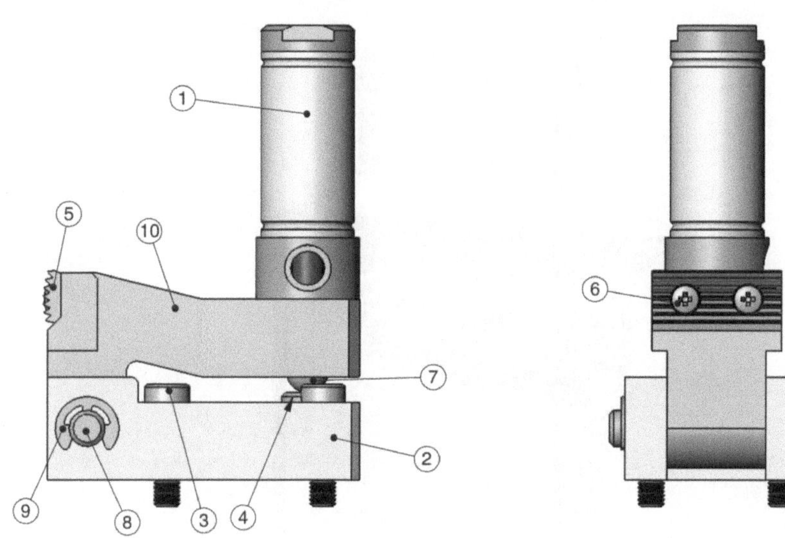

POS-NR.	BENENNUNG	BESCHREIBUNG	MENGE
1	Festo CRDG -16 Hub = 60		1
2	Aufnahme		1
3	DIN 7984 - M5 x 20 --- 17.6S		4
4	Druckplatte		1
5	Druckstück		1
6	ISO 7045 - M3 x 6 - Z --- 6S		2
7	Kugeldruckstück		1
8	Lagerbolzen		1
9	Lock washer DIN 6799 - 6		2
10	Spannarm		1

Einpressvorrichtung für Zahnräder und Kugellager

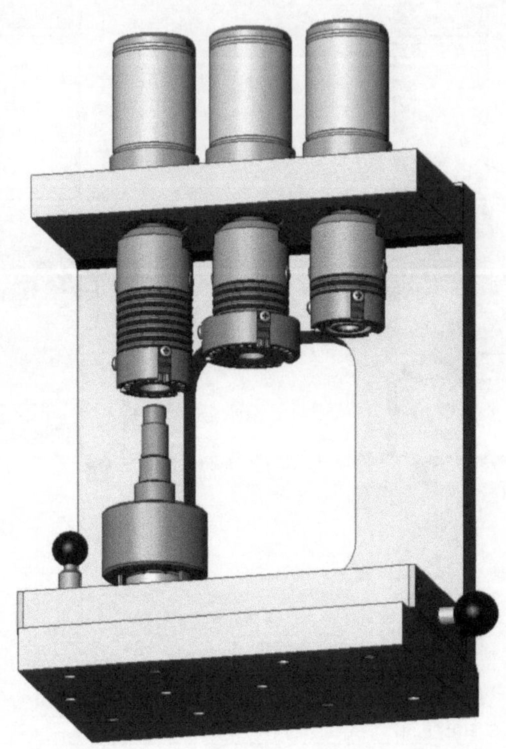

Einpressvorrichtung für Zahnräder und Kugellager mit Stückliste

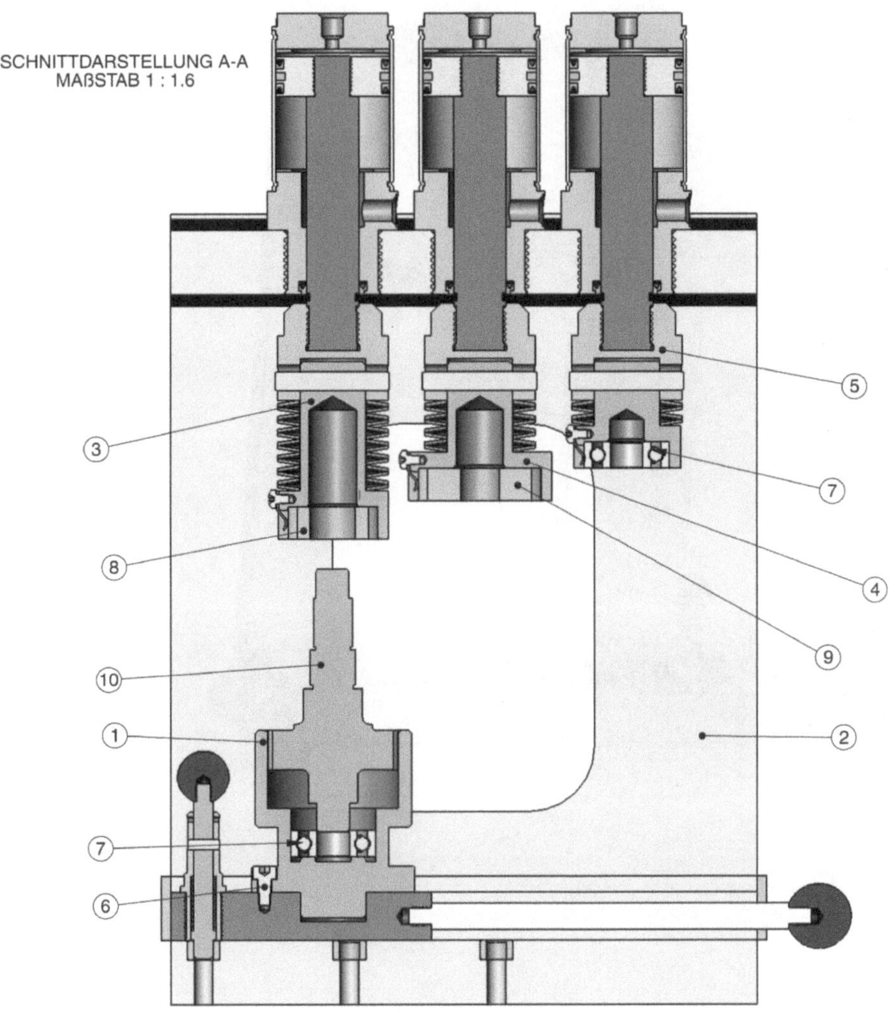

POS-NR.	BENENNUNG	MENGE
1	Werkstückaufnahme	1
2	Zsb. Gestell	1
3	Zsb Einstosser f Zahnr Z 20	1
4	Zsb Einstosser f Zahnr Z 28	1
5	Zsb Einstosser f Kugell	1
6	DIN 912 M4 x 8 --- 8S	3
7	DIN 625 - 6000 - Full,DE,AC,Full_68	2
8	DIN - Spur gear 1.25M 20T 20PA 10FW ---S20A24H14L14.0N	1
9	DIN - Spur gear 1.25M 28T 20PA 10FW ---S28A24H14L12.0N	1
10	Zsb Werkstück 1	1

Gestell für Einpressvorrichtung für Zahnräder und Kugellager

Gestell für Einpressvorrichtung für Zahnräder und Kugellager mit Stückliste

POS-NR.	BENENNUNG	MENGE
1	Grundplatte	1
2	Führungsleiste	2
3	Buchse	3
4	Schlitten	1
5	Stütze	1
6	Kopfplatte	1
7	Zsb. Schubstange	1
8	Kugel f Schubst	1
9	Festo CRDG - 35 Hub = 100	3
10	Deckel 2	1
11	Deckel 1	1
12	bead1	1
13	bead2	1
14	bead3	1
15	bead4	1
16	Zsb Fixierstift kompl.	1
17	Parallel Pin ISO 8734 - 6 x 35 - B - St	4
18	DIN 912 M6 x 30 --- 30S	4
19	ISO 7046-1 - M5 x 8 - Z --- 8S	4

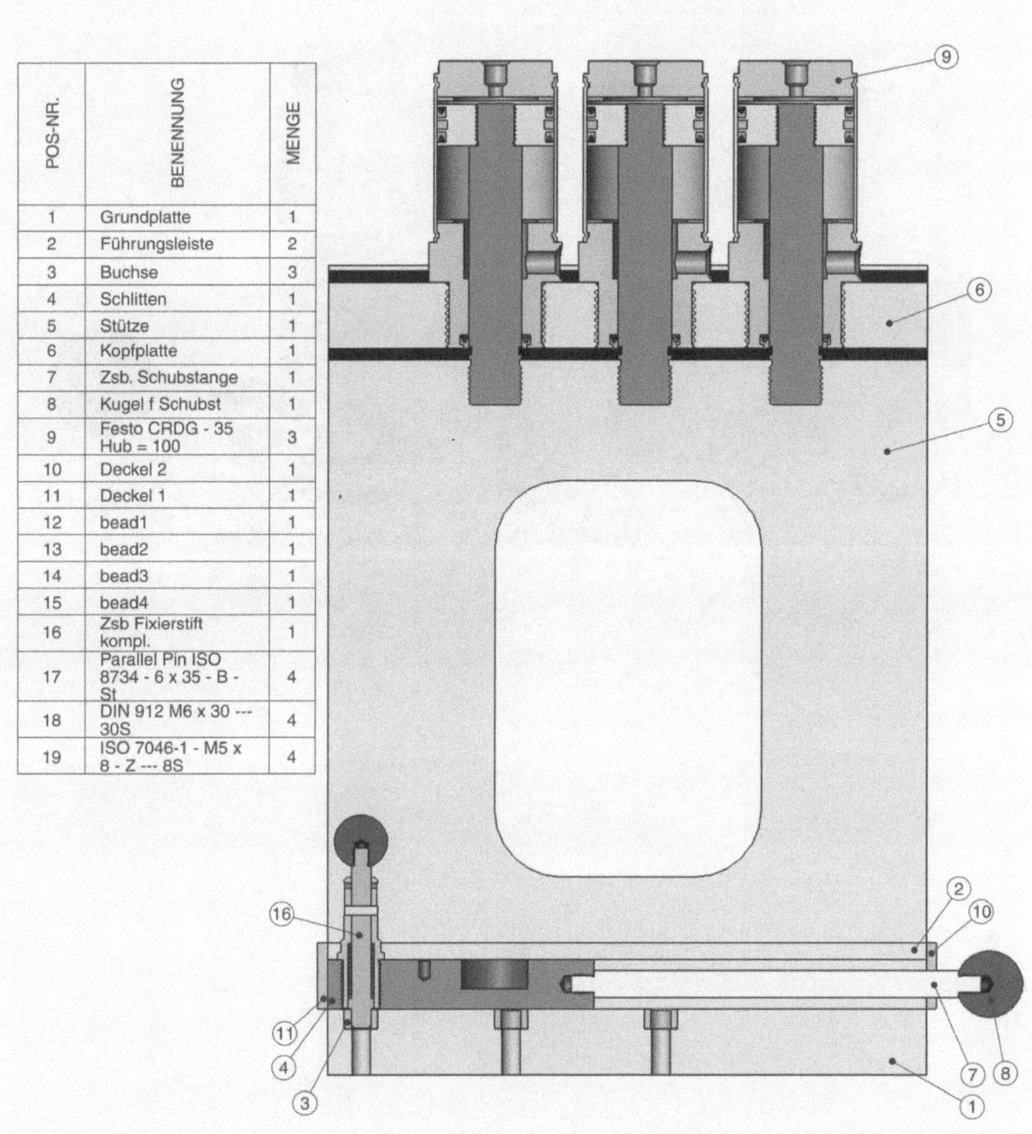

SCHNITTDARSTELLUNG A-A
MAßSTAB 1 : 1.5

Schnellspann-Bohrvorrichtung zum Bohren mehrerer Werkstücke in einer Aufspannung

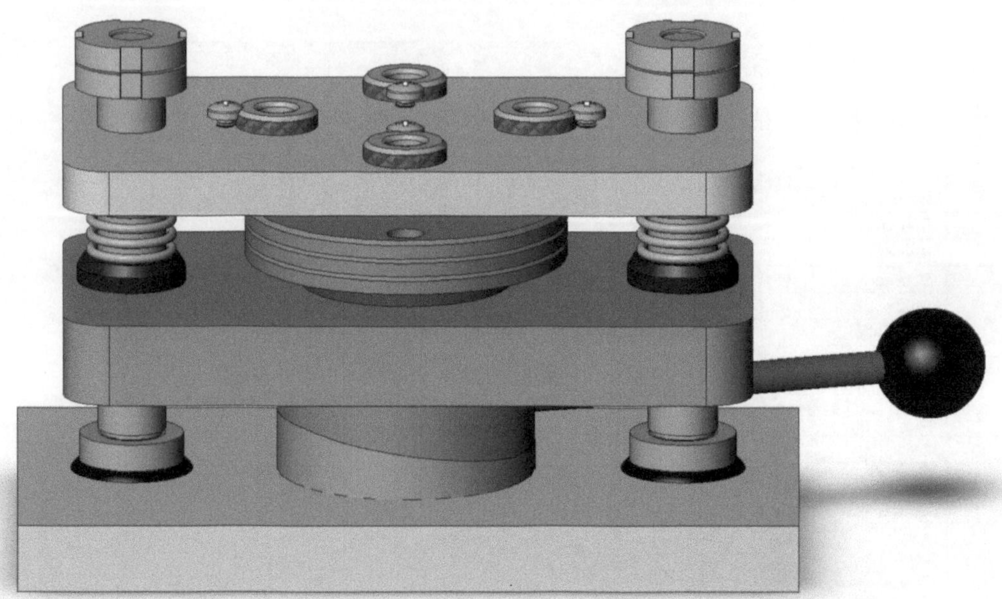

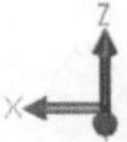

Schnellspann-Bohrvorrichtung zum Bohren mehrerer Werkstücke in einer Aufspannung mit Stückliste

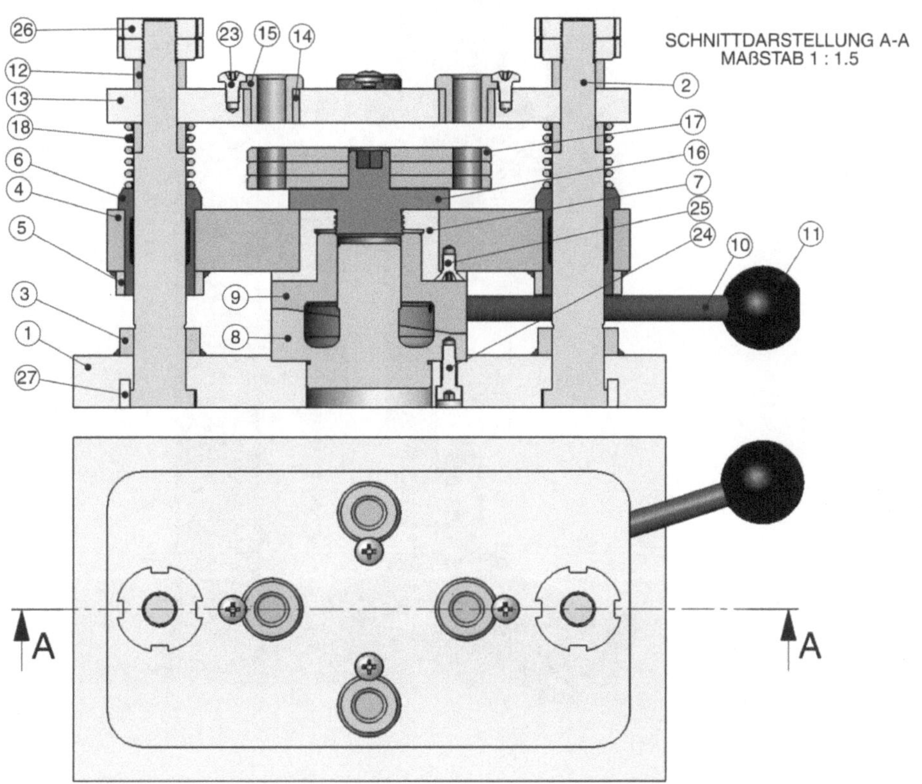

POS-NR.	BENENNUNG	BESCHREIBUNG	MENGE
1	Grundplatte		1
2	Zsb Führungssäule		2
3	Buchse1		2
4	Hubplatte		1
5	Buchse2		2
6	Führungsbuchse		2
7	Buchse f Hubpl		1
8	Basiskurve		1
9	Spannkurve		1
10	Zsb Spannhebel		1
11	Kugel		1
12	Distanzhülse		4
13	Bohrplatte		1
14	Grundbohrbuchse		4
15	Steckbohrbuchse-8		4
16	Zsb. Werkstückaufn		1
17	Werkstück-Fertigteil		3
18	Feder		2
23	ISO 7045 - M4 x 6 - Z --- 6S		4
24	DIN 912 M4 x 12 --- 12S		3
25	ISO 7046-1 - M4 x 8 - Z --- 8S		3
26	DIN 1804 - M10x1.0 - N		4
27	Parallel Pin ISO 8734 - 3 x 8 - B - St		2

Schraubenanziehvorrichtung

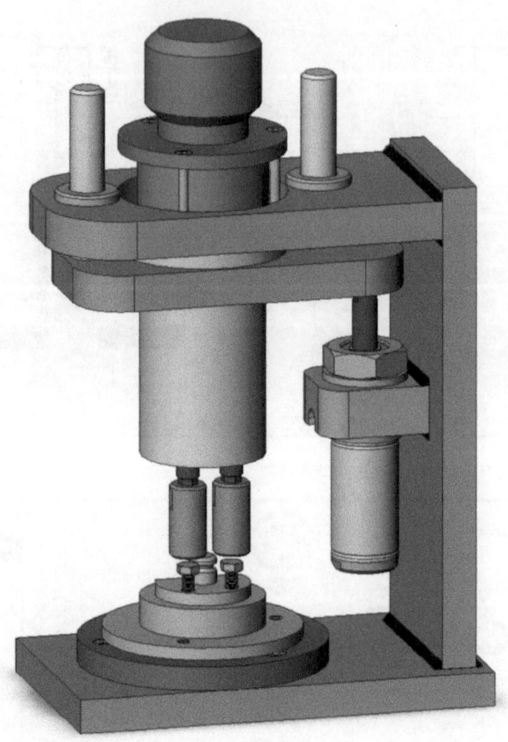

Schraubenanziehvorrichtung mit Stückliste

POS-NR.	BENENNUNG	MENGE
1	Festo CRDG - 25 Hub = 60	1
2	Zsb. Getriebe	1
3	bead1	1
4	bead2	1
5	bead3	1
6	bead4	1
7	bead5	1
8	bead6	1
9	DIN 6912 - M4 x 50 --- 19S	3
10	DIN 912 M5 x 16 --- 16S	3
11	Feder f Nuss	2
12	Fixierbolzen	3
13	Führungsbolzen	2
14	Führungsbuchse	2
15	Grundp f Werkst	1
16	Grundplatte	1
17	Halter f Festo	1
18	Hexagon Nut ISO 8675 - M10 x 1.0 - N	1
19	Hexagon Nut ISO 8675 - M20 x 1.5 - N	1
20	ISO 4017 - M5 x 12-S	2
21	Kopfplatte	1
22	Lock washer DIN 6799 - 8	2
23	Motor	1
24	Passfeder	1
25	Ring für Nuss	2
26	Schraubernuss	2
27	Stütze	1
28	Tragplatte	1
29	Washer DIN 433 - 21	1
30	Werkstück 1	1
31	Werkstück 2	1

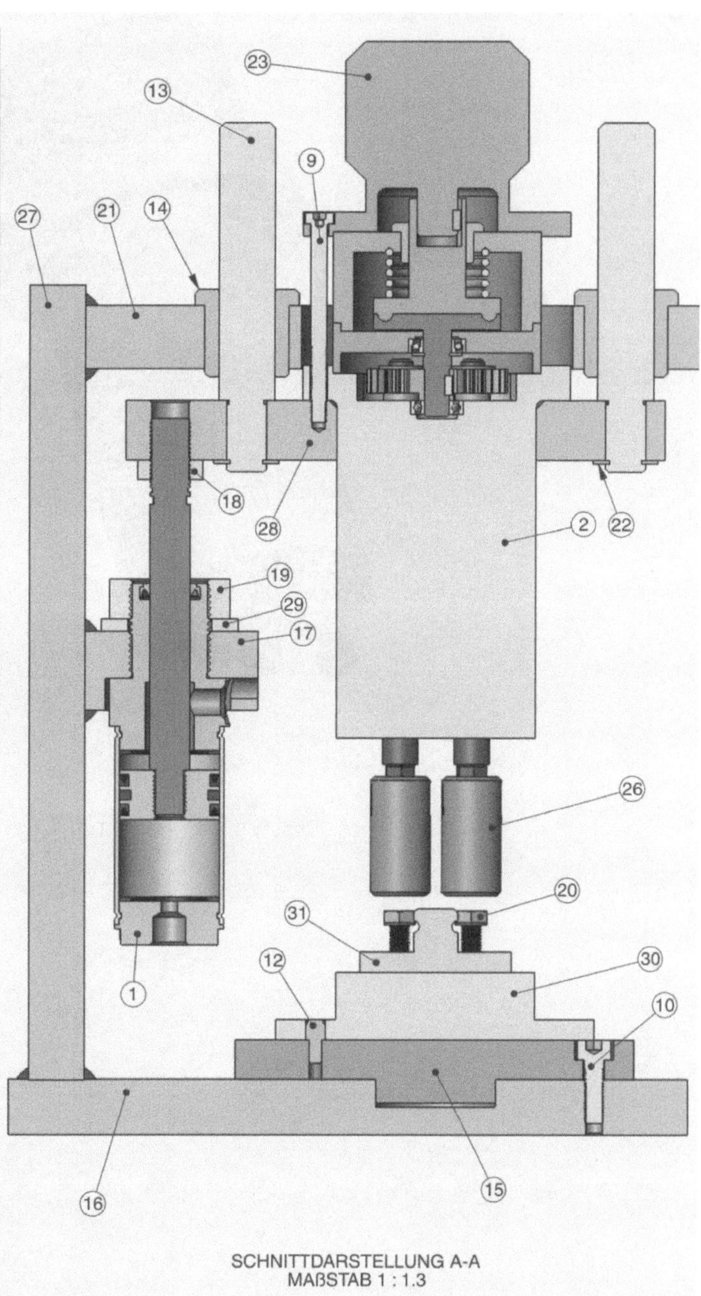

SCHNITTDARSTELLUNG A-A
MAßSTAB 1 : 1.3

Getriebe für Schraubenanziehvorrichtung

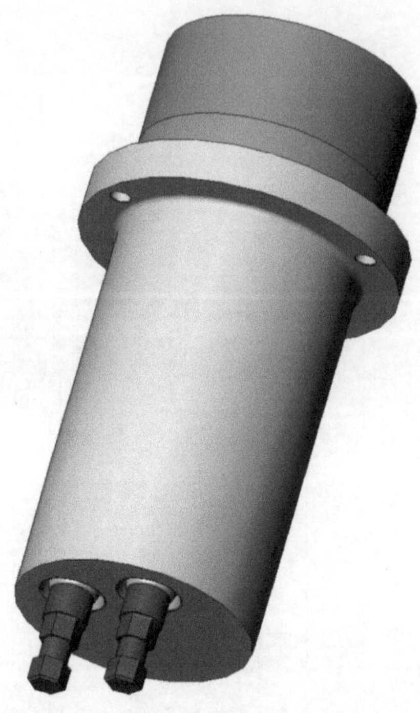

Getriebe für Schraubenanziehvorrichtung mit Stückliste

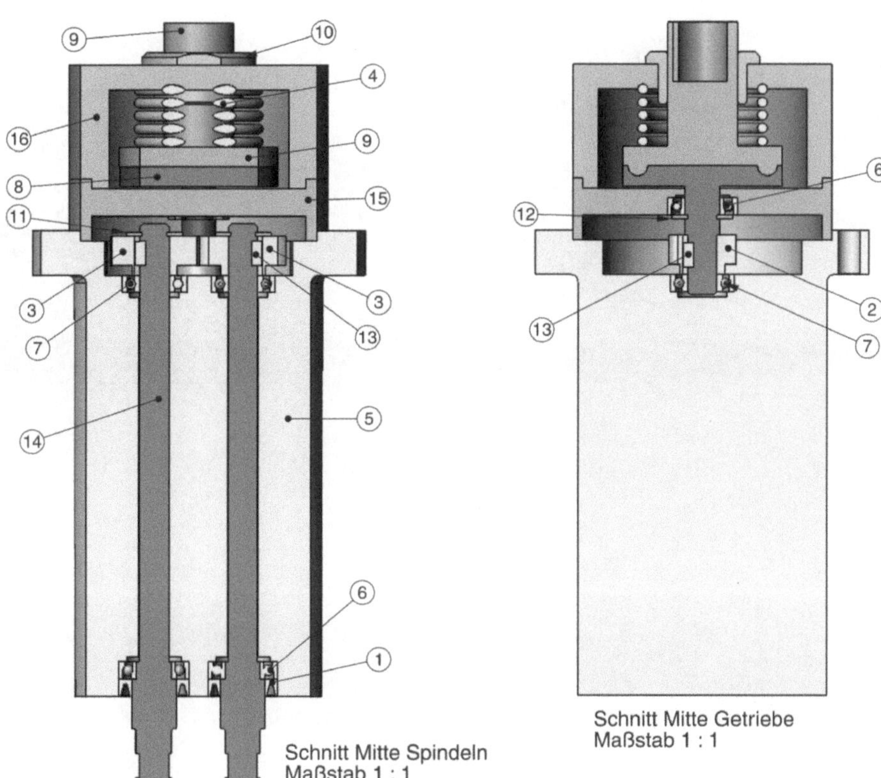

POS-NR.	BENENNUNG	MENGE
1	Dichtr f Spindel	2
2	DIN - Spur gear 0.8M 15T 20PA 6FW ---S15B9H8L6.0S1	1
3	DIN - Spur gear 0.8M 20T 20PA 6FW ---S20B9H8L6.0S1	2
4	Feder f Kuppl	1
5	Grundp f Getriebe	1
6	ISO 15 ABB - 187 - 12,DE,NC,12_68	3
7	ISO 15 RBB - 186 - 10,DE,NC,10_68	3
8	Kupplung 1	1
9	Kupplung 2	1
10	Lagerb. f Kuppl	1
11	Lock washer DIN 6799 - 5	2
12	Lock washer DIN 6799 - 6	1
13	Passfeder	3
14	Spindel	2
15	Zwischendeckel	1
16	Zwischendeckel 2	1

Schraubstock

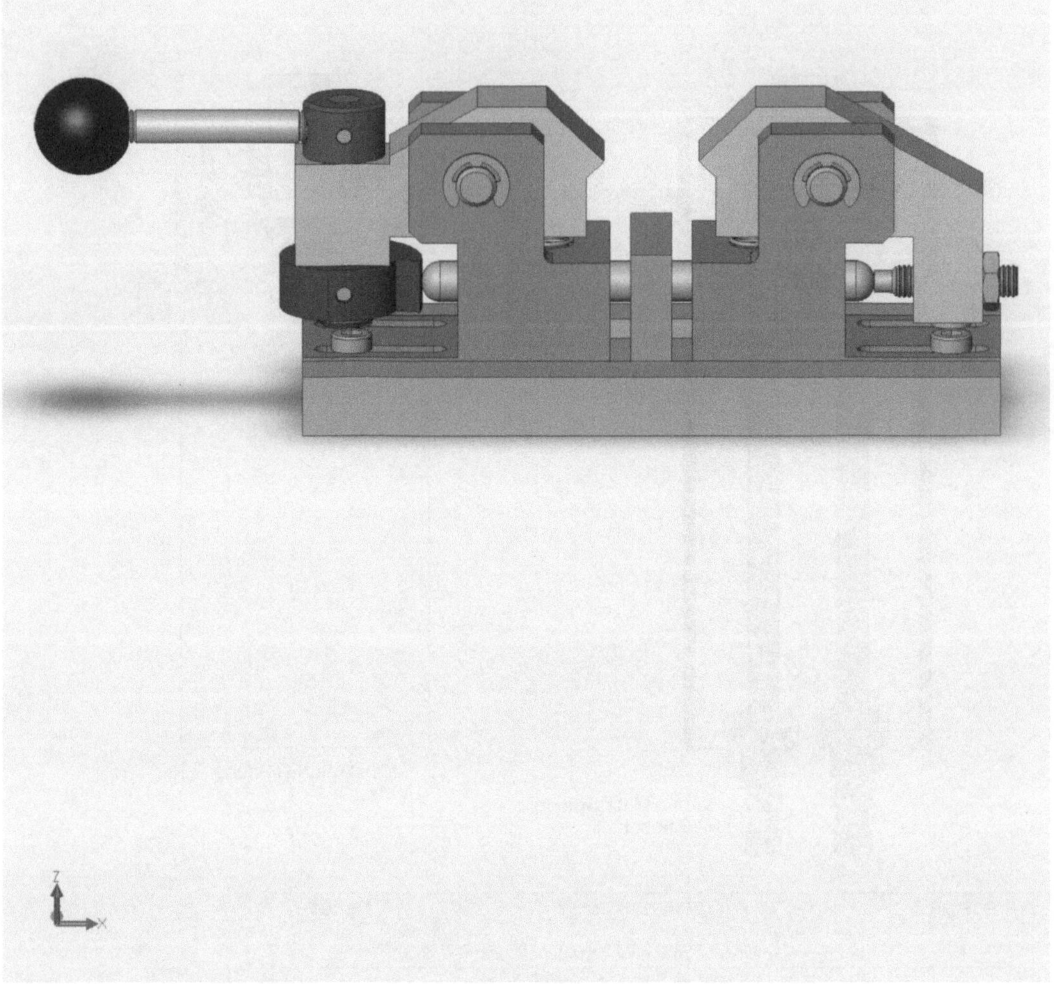

Schraubstock mit Stückliste

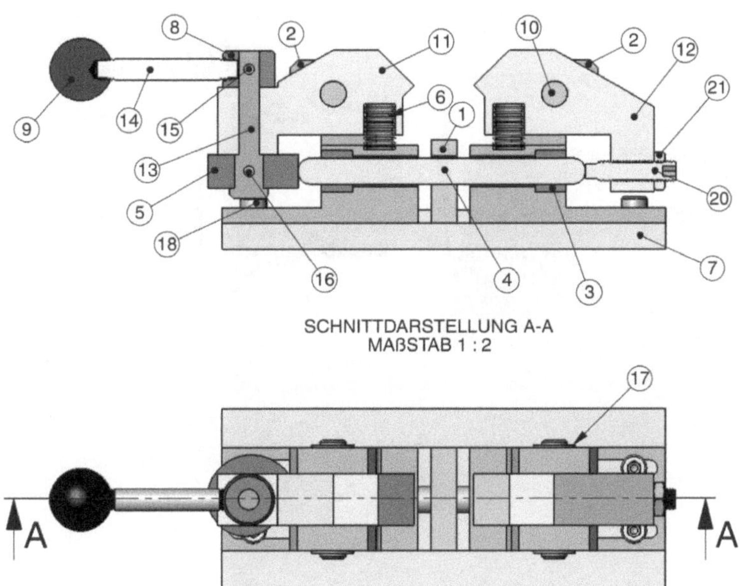

POS-NR.	BENENNUNG	MENGE
1	Auflage	1
2	Aufnahme f Spannb	2
3	Buchse	2
4	Druckstange	1
5	Exenter	1
6	Feder	2
7	Grundplatte	1
8	Kopf f Betätig	1
9	Kugel	1
10	Lagerbolzen	2
11	Spannbacke li	1
12	Spannbacke re	1
13	Welle f Exenter	1
14	Zsb. Stange	1
15	Parallel Pin ISO 8734 - 4 x 20 - A - St	1
16	Parallel Pin ISO 8734 - 4 x 30 - A - St	1
17	Lock washer DIN 6799 - 8	4
18	DIN 6912 - M6 x 12 --- 12S	4
19	DIN 7984 - M6 x 12 --- 12S	2
20	DIN 915 - M8 x 35-S	1
21	Hexagon Thin Nut ISO 4035 - M8 - N	1

Schraubvorrichtung

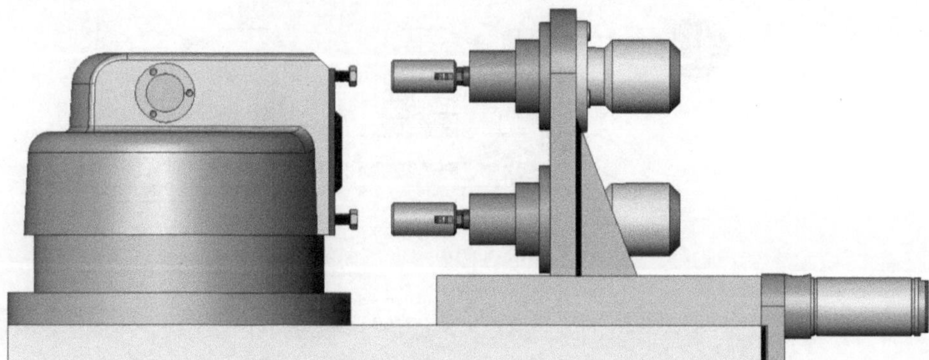

Schraubvorrichtung mit Stückliste

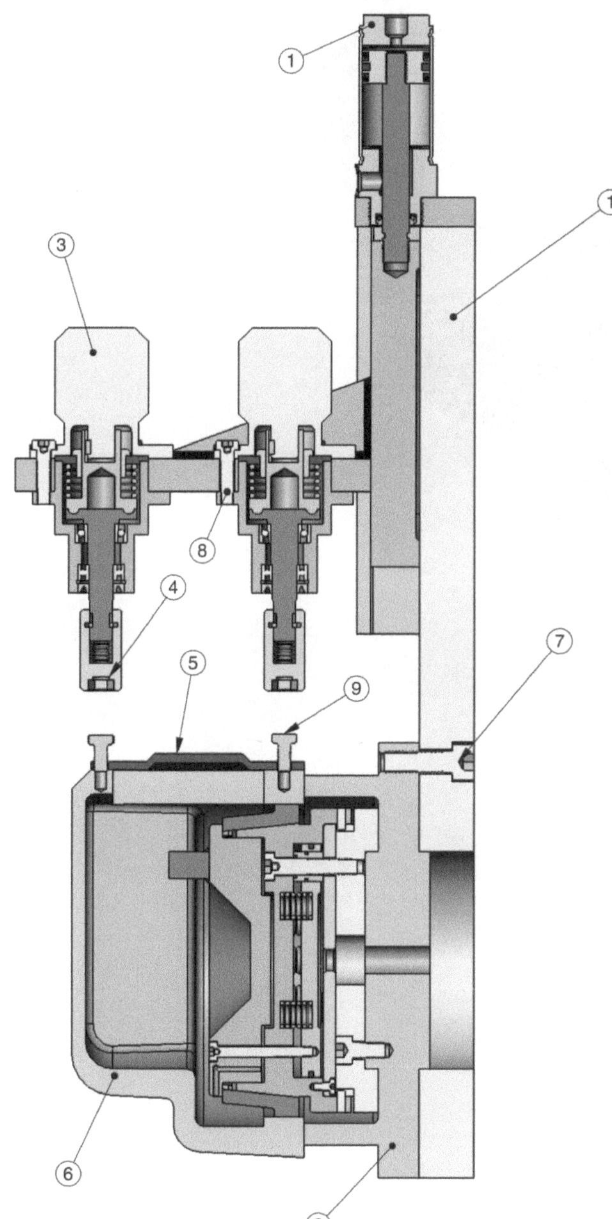

SCHNITTDARSTELLUNG B-B
MAßSTAB 1 : 1.9

POS-NR.	BENENNUNG	MENGE
1	Zsb,Gestell	1
2	Spannvorrichtung	1
3	Zsb. Antrieb	2
4	Zsb.Schraubernuss	2
5	Werkstück 2	1
6	Werkstück 1	1
7	DIN 912 M8 x 25 --- 25S	3
8	DIN 6912 - M5 x 20 --- 15.8S	6
9	ISO 4017 - M5 x 10-S	2

Antrieb für Schraubvorrichtung

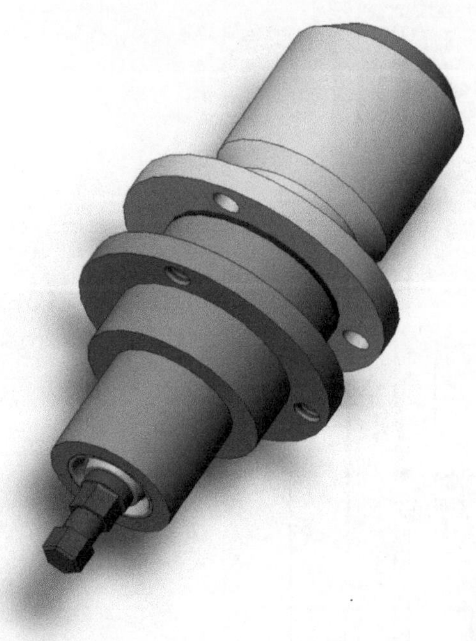

Antrieb für Schraubvorrichtung mit Stückliste

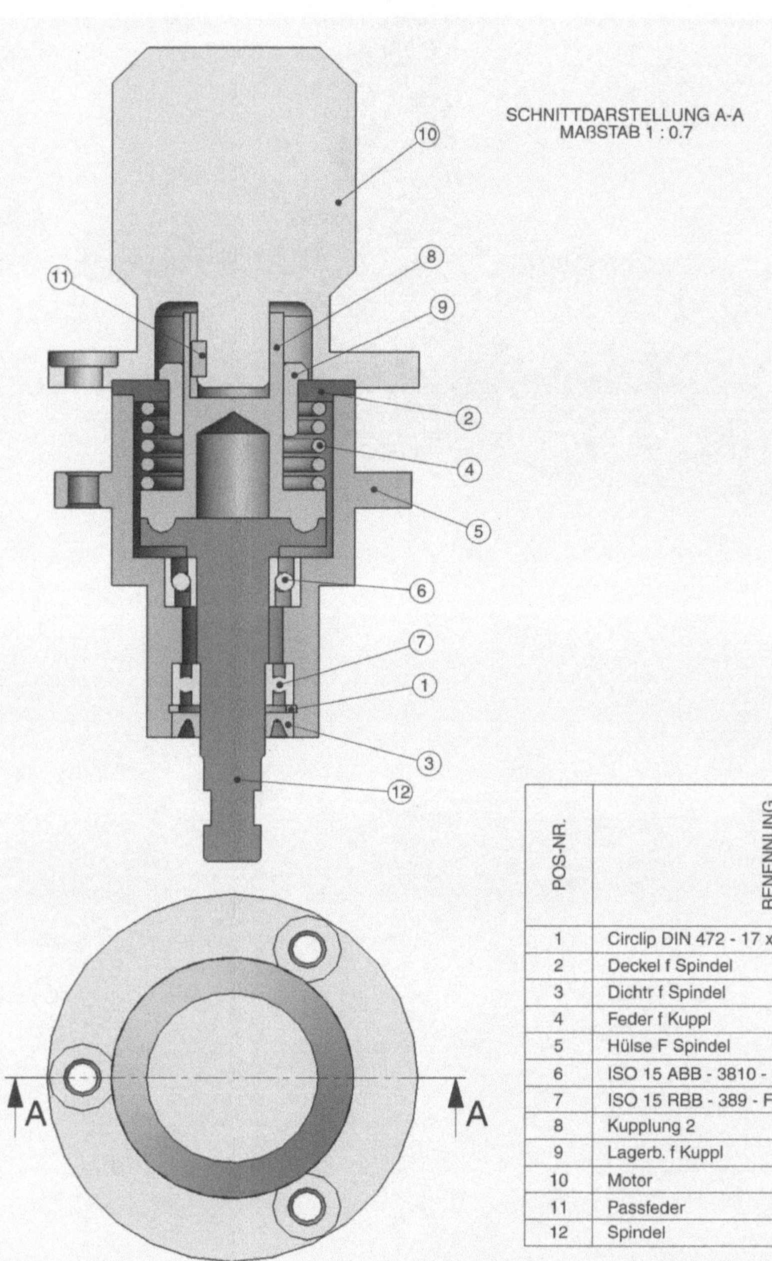

POS-NR.	BENENNUNG	MENGE
1	Circlip DIN 472 - 17 x 1	1
2	Deckel f Spindel	1
3	Dichtr f Spindel	1
4	Feder f Kuppl	1
5	Hülse F Spindel	1
6	ISO 15 ABB - 3810 - Full,DE,NC,Full_68	1
7	ISO 15 RBB - 389 - Full,DE,NC,Full_68	1
8	Kupplung 2	1
9	Lagerb. f Kuppl	1
10	Motor	1
11	Passfeder	1
12	Spindel	1

Gestell für Schraubvorrichtung

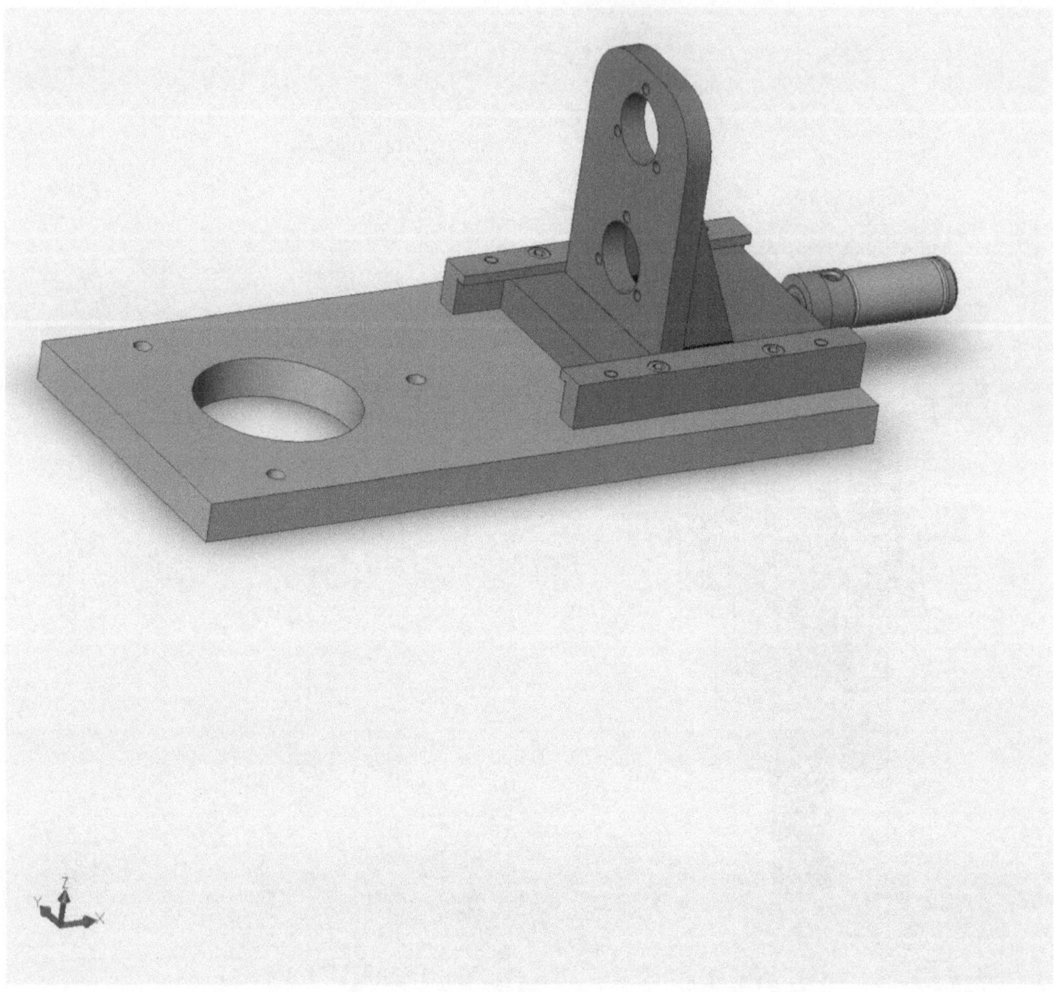

Gestell für Schraubvorrichtung mit Stückliste

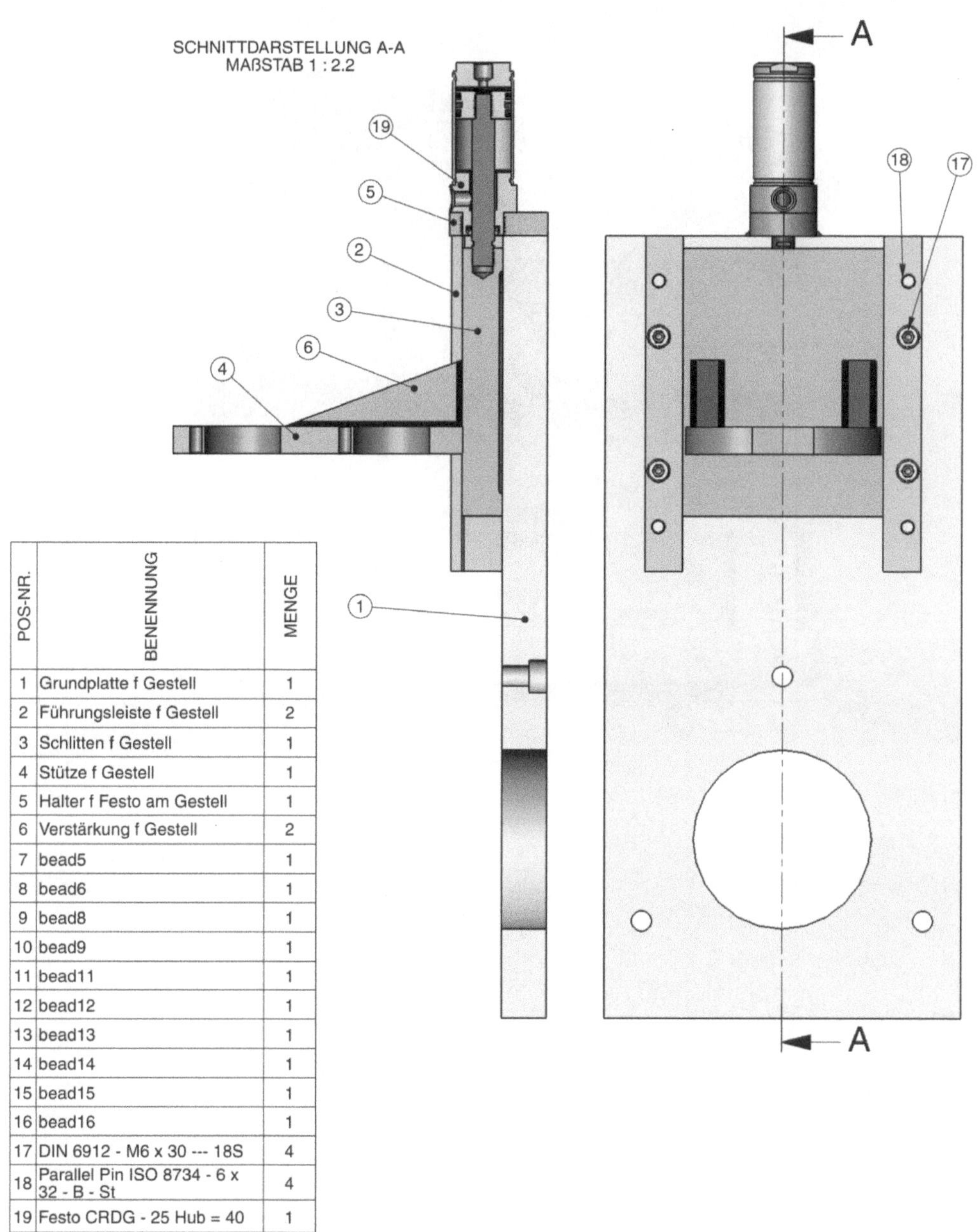

POS-NR.	BENENNUNG	MENGE
1	Grundplatte f Gestell	1
2	Führungsleiste f Gestell	2
3	Schlitten f Gestell	1
4	Stütze f Gestell	1
5	Halter f Festo am Gestell	1
6	Verstärkung f Gestell	2
7	bead5	1
8	bead6	1
9	bead8	1
10	bead9	1
11	bead11	1
12	bead12	1
13	bead13	1
14	bead14	1
15	bead15	1
16	bead16	1
17	DIN 6912 - M6 x 30 --- 18S	4
18	Parallel Pin ISO 8734 - 6 x 32 - B - St	4
19	Festo CRDG - 25 Hub = 40	1

Spannvorrichtung mit automatischer Fixierbolzenverstellung

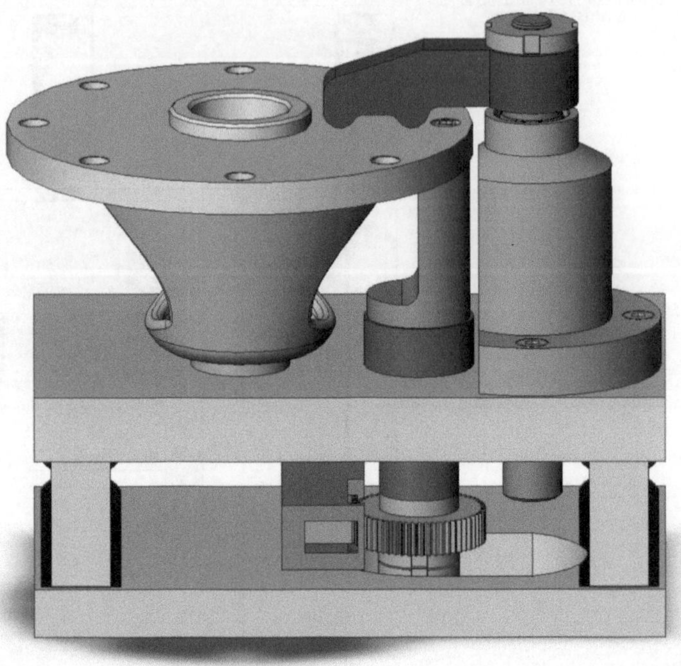

Spannvorrichtung mit automatischer Fixierbolzenverstellung mit Stückliste

POS-NR.	BENENNUNG	MENGE
1	Festo CRDG -16 Hub = 60 - 1	1
2	Zahnstange	1
3	Zsb. Fixierstift	1
4	Zsb. Fixierung	1
5	Zsb.Spannwelle1	1
6	Auflage	1
7	bead1	1
8	bead2	1
9	bead3	1
10	bead4	1
11	bead5	1
12	bead6	1
13	bead7	1
14	bead8	1
15	Deckpl f Führ	1
16	Dichtring	1
17	DIN - Spur gear 0.65M 60T 20PA 10FW --- S60B24H15L12.0S1	1
18	DIN 1804 - M10x1.0 - N	2
19	DIN 1804 - M12x1.5 - N	1
20	DIN 7984 - M3 x 10 --- 8.5S	2
21	DIN 7984 - M5 x 16 --- 13.6S	3
22	DIN 7984 - M6 x 18 --- 15S	3
23	DIN 912 M4 x 16 --- 16S	2
24	Flansch	1
25	Führung f Zahnst	1
26	Grundplatte	1
27	Kopfplatte	1
28	Lagerhülse	1
29	O-Ring 18x2	1
30	O-Ring 22x2	1
31	O-Ring 26	2
32	Parallel Pin ISO 8734 - 4 x 20 - B - St	2
33	Passfeder 1	1
34	Passfeder 2	1
35	Seitenplatte	2
36	Spannklaue	1
37	Stift	1
38	Werkstück 1	1
39	Zylinder	1

Spannvorrichtung für Fräs- und Bohrbearbeitung

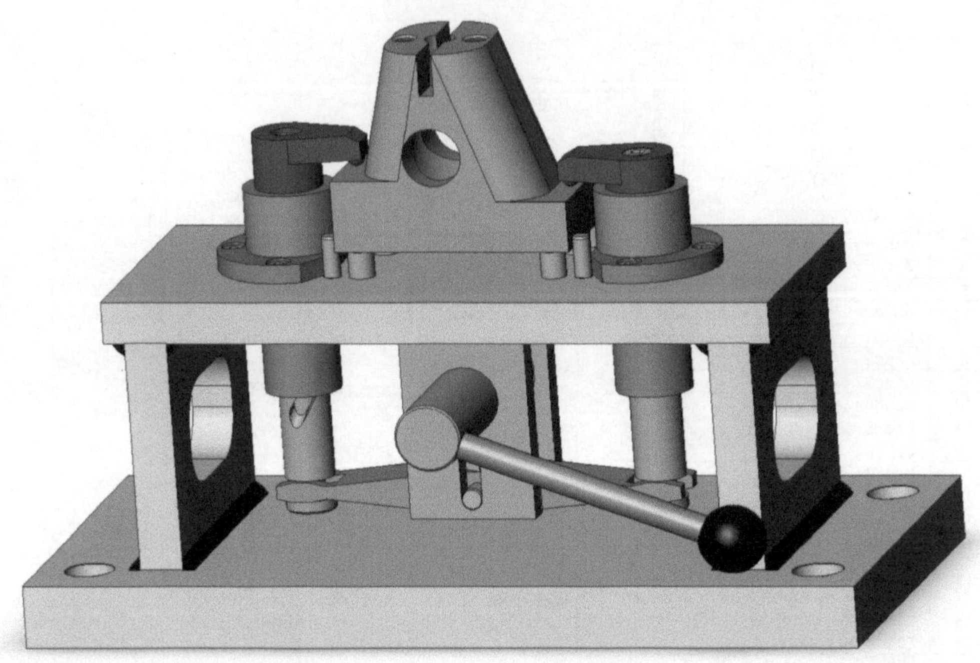

Spannvorrichtung für Fräs- und Bohrbearbeitung mit Stückliste

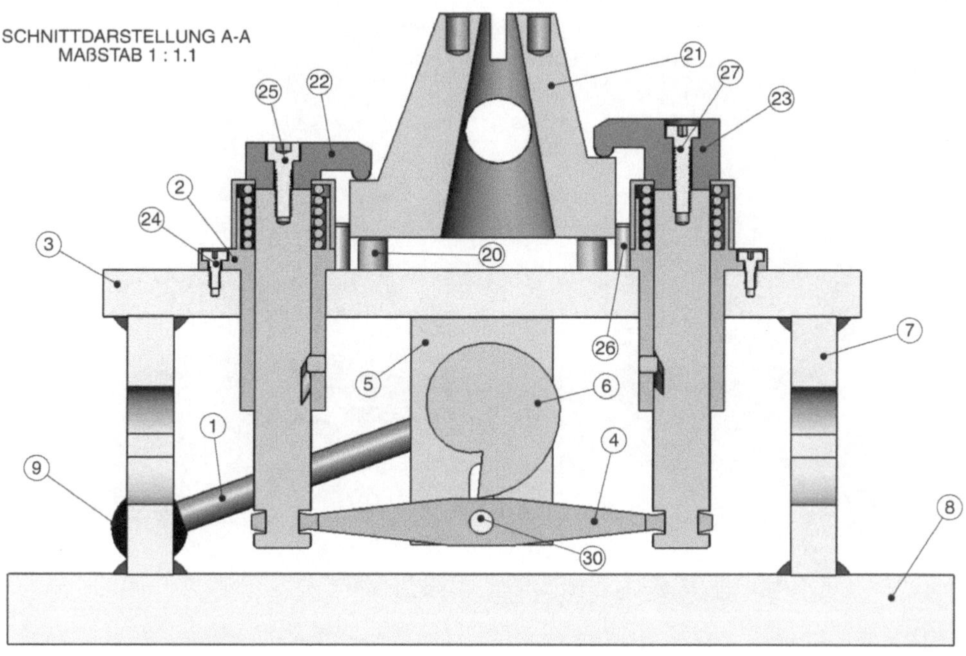

POS-NR.	BENENNUNG	BESCHREIBUNG	MENGE
1	Zsb Stange		1
2	Zsb. Führung m Spannst		2
3	Platte oben		1
4	Pendelschwinge		1
5	Platte f Exender		2
6	Spannexender		1
7	Seitenplatte		2
8	Grundplatte		1
9	Kugel		1
10	bead1		1
11	bead2		1
12	bead3		1
13	bead4		1
14	bead5		1
15	bead6		1
16	bead7		1
17	bead8		1
18	bead9		1
19	bead10		1
20	Auflagebolzen		4
21	Werkstück		1
22	Spannpratze 1		1
23	Spannpratze 2		1
24	DIN 7984 - M3 x 6 --- 4.5S		6
25	DIN 912 M4 x 12 --- 12S		1
26	Parallel Pin ISO 8734 - 4 x 16 - A - St		6
27	DIN 7984 - M4 x 16 --- 13.9S		1
28	Washer DIN 9021 - 6.4		1
29	ISO 7045 - M6 x 8 - Z --- 8S		1
30	Parallel Pin ISO 8734 - 5 x 26 - A - St		1

Spannvorrichtung für Gehäusemontage

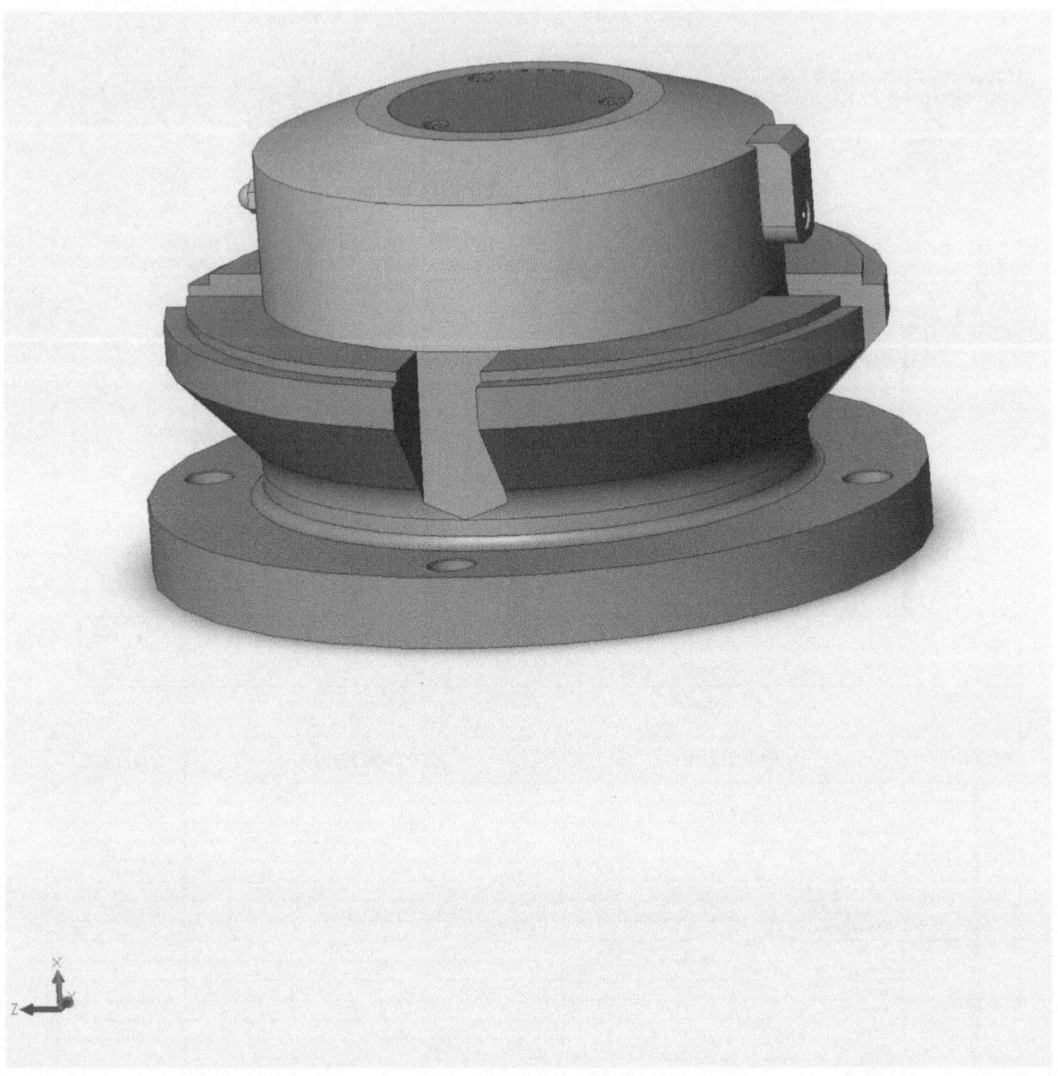

Spannvorrichtung für Gehäusemontage mit Stückliste

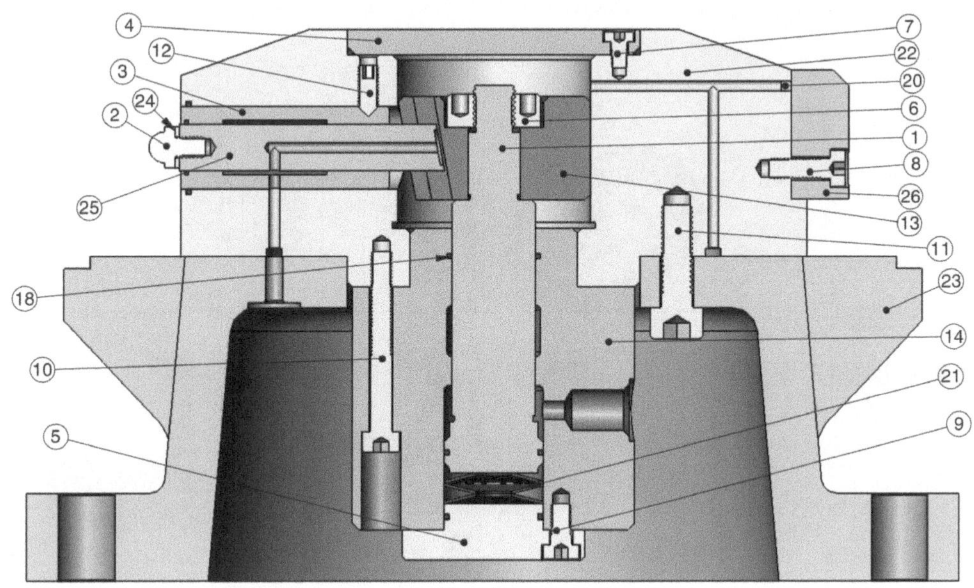

POS-NR.	BENENNUNG	MENGE
1	Zsb. Kolben	1
2	Zsb. Kopf	1
3	Buchse f Zentrier	1
4	Deckel	1
5	Deckel f Kolbengeh	1
6	DIN 547 - M8 - N	1
7	DIN 7984 - M3 x 5 --- 3.5S	3
8	DIN 7984 - M4 x 12 --- 9.9S	1
9	DIN 7984 - M4 x 8 --- 5.9S	3
10	DIN 912 M4 x 35 --- 20S	3
11	DIN 912 M6 x 20 --- 20S	3
12	DIN 914 - M4 x 10-S	1
13	Keilschieber	1
14	Kolbengehäuse	1
15	O-Ring f Buchse Zent	1
16	O-Ring f Deckel	1
17	O-Ring f Kolben	2
18	O-Ring f Kolbenst	1
19	O-Ring f Zentriest	1
20	Stopfen	1
21	Tellerfeder	3
22	Vorrichtungsk oben	1
23	Vorrichtungsk unten	1
24	Washer ISO 8738 - 4	1
25	Zentrierstange	1
26	Zentrierstück	1

Spannvorrichtung mit Rundschaltvorrichtung zum Schleifen von Sägeblättern

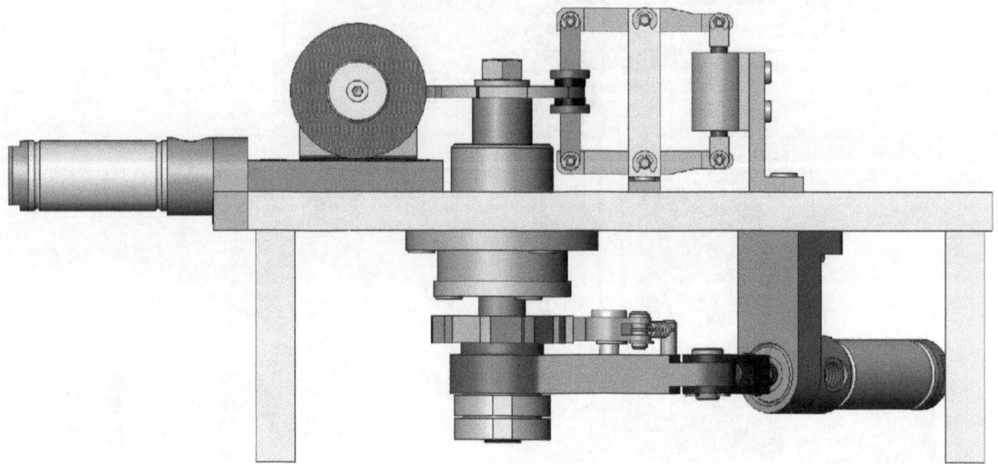

Spannvorrichtung mit Rundschaltvorrichtung zum Schleifen von Sägeblättern mit Stückliste

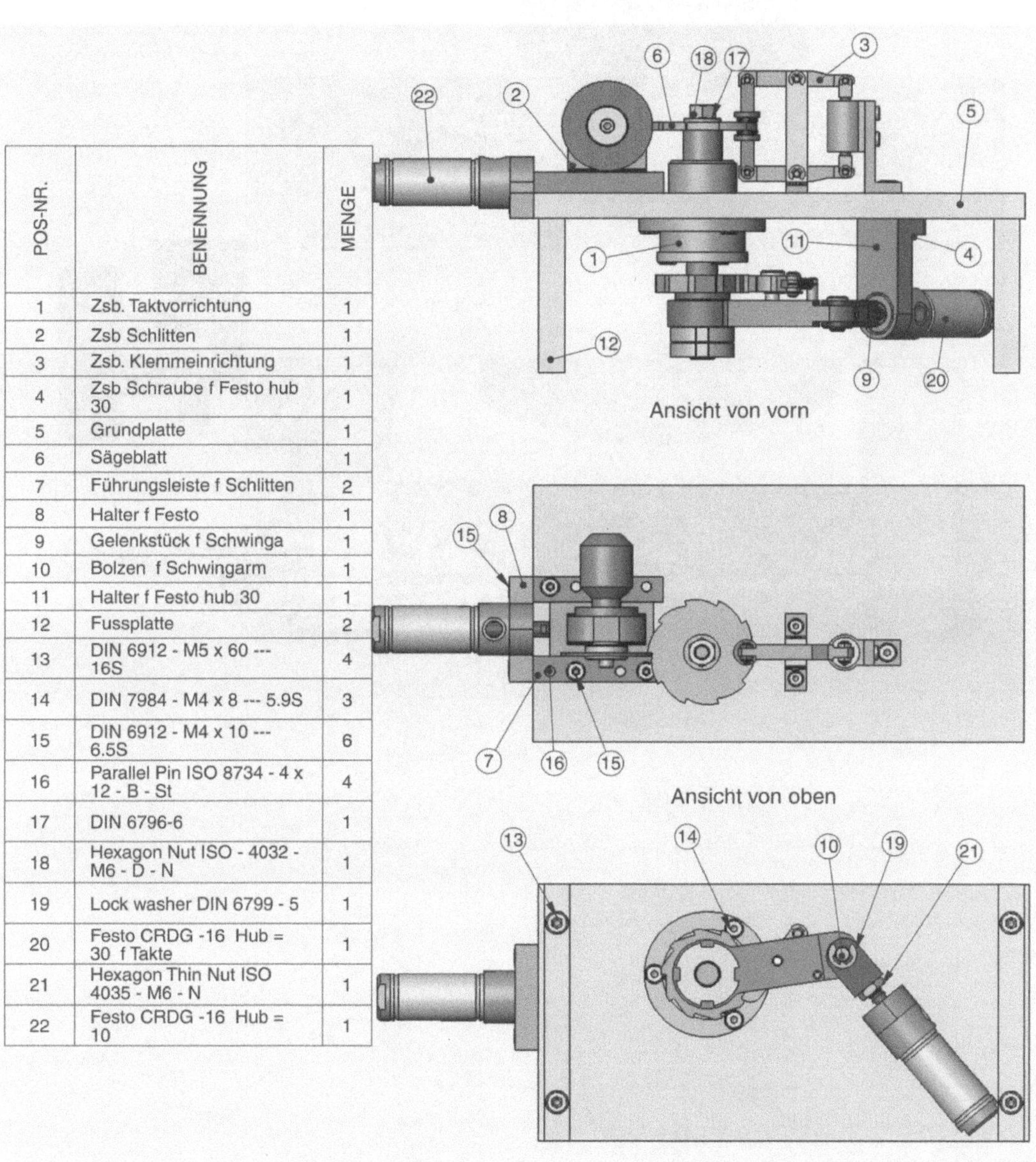

POS-NR.	BENENNUNG	MENGE
1	Zsb. Taktvorrichtung	1
2	Zsb Schlitten	1
3	Zsb. Klemmeinrichtung	1
4	Zsb Schraube f Festo hub 30	1
5	Grundplatte	1
6	Sägeblatt	1
7	Führungsleiste f Schlitten	2
8	Halter f Festo	1
9	Gelenkstück f Schwinga	1
10	Bolzen f Schwingarm	1
11	Halter f Festo hub 30	1
12	Fussplatte	2
13	DIN 6912 - M5 x 60 --- 16S	4
14	DIN 7984 - M4 x 8 --- 5.9S	3
15	DIN 6912 - M4 x 10 --- 6.5S	6
16	Parallel Pin ISO 8734 - 4 x 12 - B - St	4
17	DIN 6796-6	1
18	Hexagon Nut ISO - 4032 - M6 - D - N	1
19	Lock washer DIN 6799 - 5	1
20	Festo CRDG -16 Hub = 30 f Takte	1
21	Hexagon Thin Nut ISO 4035 - M6 - N	1
22	Festo CRDG -16 Hub = 10	1

Spannvorrichtung zum Bohren von 4 Flanschbohrungen

Spannvorrichtung zum Bohren von 4 Flanschbohrungen mit Stückliste

POS-NR.	BENENNUNG	MENGE
1	Grundplatte	1
2	Zsb. Fuss	4
3	Grundbohrb	4
4	Bundbohrb-8	4
5	Prisma	1
6	Spannscheibe	1
7	Flansch f Zugst	1
8	Drehgriff	1
9	Zsb Spannbolzen	1
10	Werkstück	1
11	Spannprisma	1
12	Flansch f Spannprisma	1
13	Zsb Spannschr	1
14	ISO 7045 - M4 x 6 - Z --- 6S	4
15	DIN 7984 - M4 x 6 --- 3.9S	5
16	DIN 7984 - M4 x 25 --- 14S	2
17	Parallel Pin ISO 8734 - 4 x 26 - B - St	2
18	Parallel Pin ISO 8734 - 4 x 10 - B - St	2
19	Parallel Pin ISO 8734 - 4 x 16 - B - St	1
20	Parallel Pin ISO 8734 - 4 x 18 - B - St	1

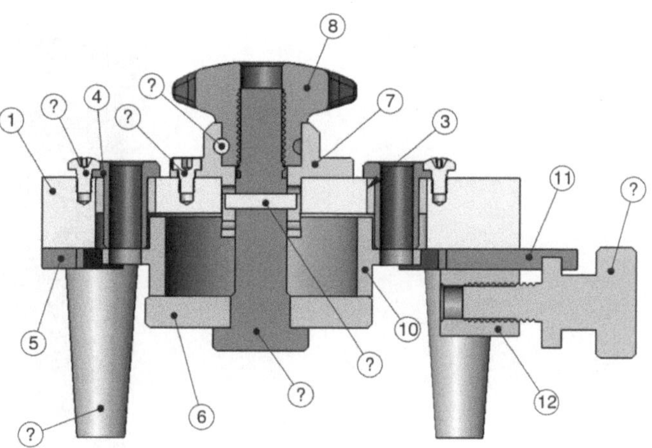

SCHNITTDARSTELLUNG A-A
MAßSTAB 1 : 1.3

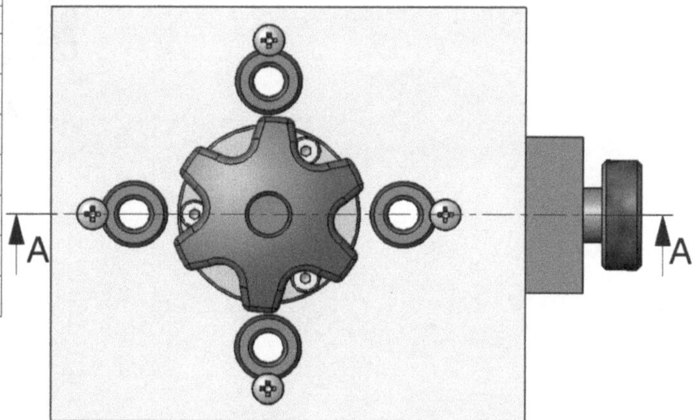

Spannvorrichtung zum Spannen auf 2 verschiedene Durchmesser

Spannvorrichtung zum Spannen auf 2 verschiedene Durchmesser mit Stückliste

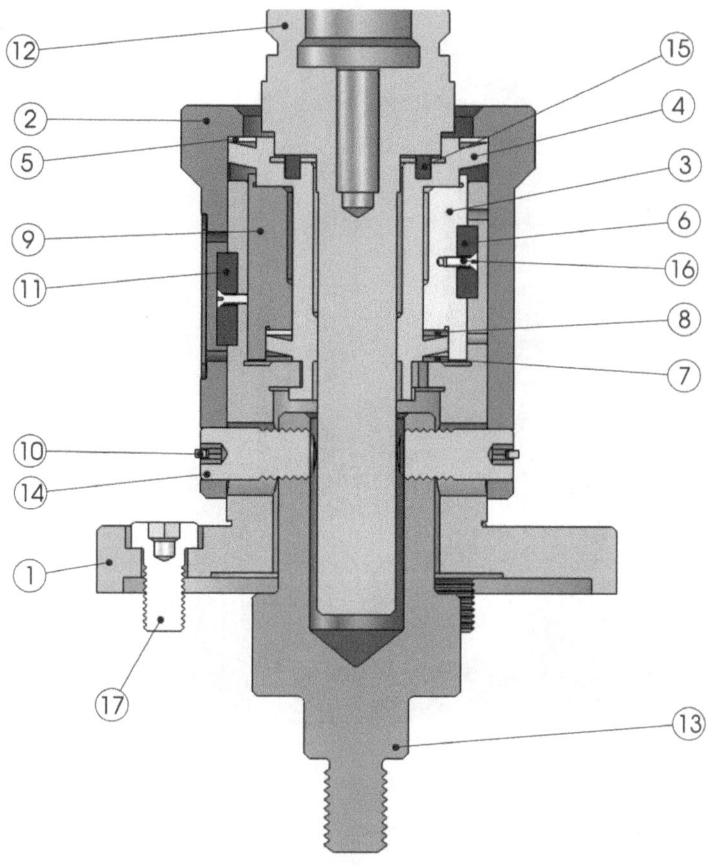

POS-NR.	BENENNUNG	BESCHREIBUNG	MENGE
1	Flansch		1
2	Außenteil		1
3	Innenteil-1		1
4	Spannzange		1
5	Scheibe-1		1
6	Passfeder-14		1
7	Scheibe-3		1
8	Scheibe-2		2
9	Innenteil-2		1
10	Sicherungsr		1
11	Passfeder-18		1
12	Werkstück		1
13	Zugstange		1
14	Spannbolzen		2
15	Stift		2
16	ISO 7046-1 - M2 x 6 - Z --- 6S		2
17	DIN 6912 - M8 x 16 --- 16S		3

Stiftausziehvorrichtung

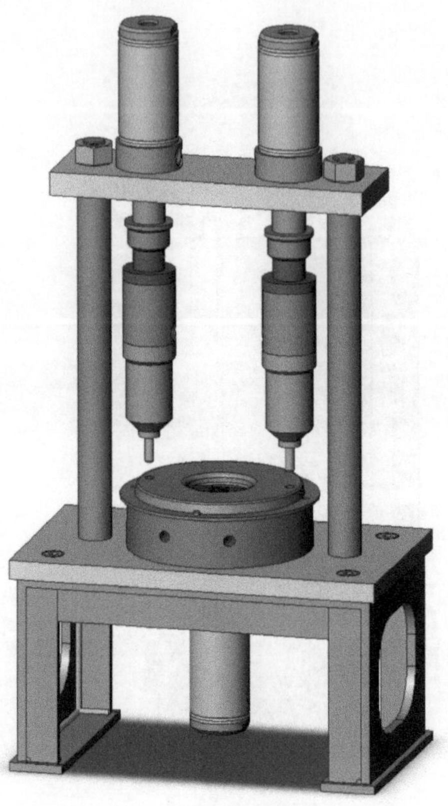

Stiftausziehvorrichtung mit Stückliste

POS-NR.	BENENNUNG	MENGE
1	Festo CRDG - 25 Hub = 15	1
2	Festo CRDG - 25 Hub = 40	2
3	Zsb. Auszieher	2
4	Zsb. Gestell f Stiftauziehv	1
5	Zsb. Schiebehülse	2
6	Zsb. Spannvorr	1
7	DIN 7984 - M5 x 30 --- 16S	3
8	Druckkegel	1
9	Druckkegelaufnahme	1
10	Parallel Pin ISO 8734 - 2 x 14 - B - St	1
11	Parallel Pin ISO 8734 - 3 x 14 - B - St	2
12	Werkstück	1

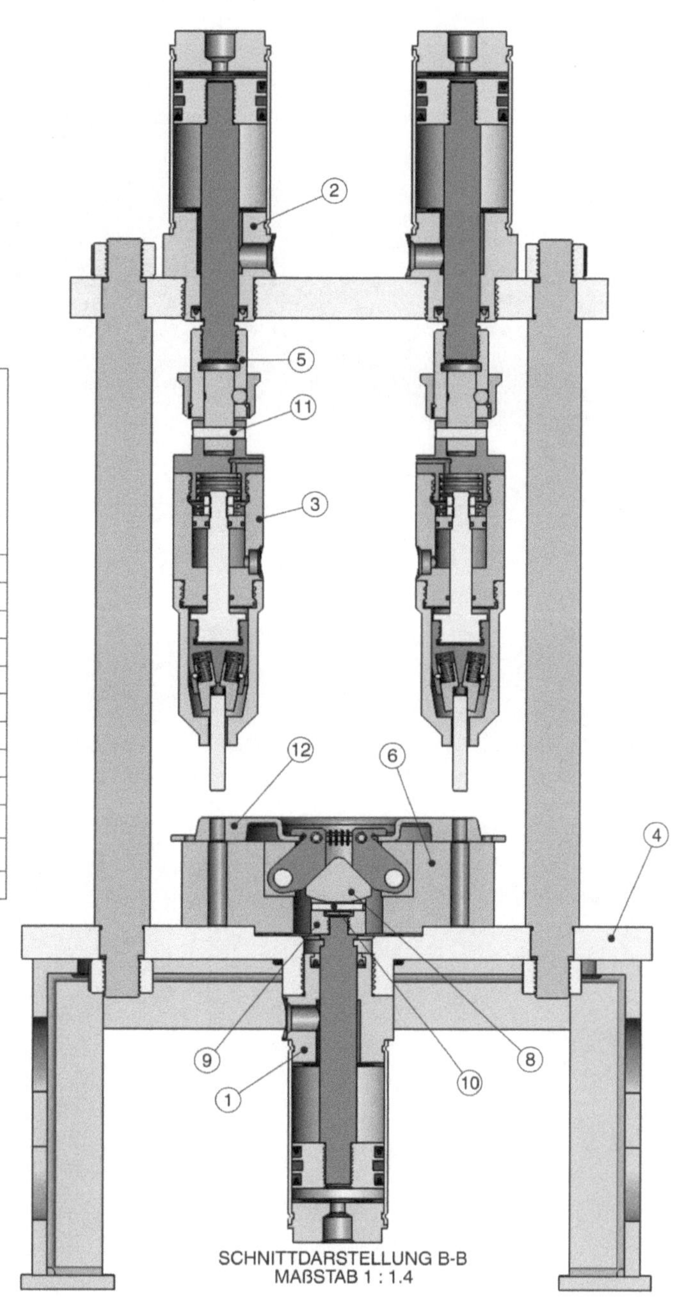

Auszieher für Stiftausziehvorrichtung

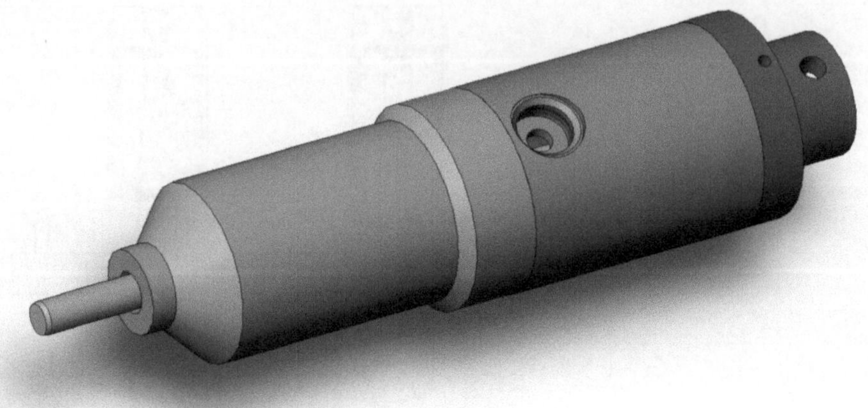

Auszieher für Stiftausziehvorrichtung mit Stückliste

POS-NR.	BENENNUNG	MENGE
1	Zsb. Deckel f Stiftausz	1
2	Zsb. Hülse 2 f Stiftausz	1
3	Zsb.Druckst f Stiftausz	1
4	Feder f Greifbacke	2
5	Feder f Stiftausz	1
6	Führungshülse 1 f Stiftausz	1
7	Greifbackenhalter f Stiftausz	1
8	Greiferbake f Stiftausz	2
9	Hexagon Thin Nut ISO 4035 - M5 - N	2
10	Kolben f Stiftausz	1
11	O-Ring 12	1
12	O-Ring 5	1
13	O-Ring 6	1
14	Parallel Pin ISO 8734 - 1.5 x 8 - B - St	2
15	Parallel Pin ISO 8734 - 4 x 26 - B - St	1

POS-NR.	BENENNUNG	MENGE
1	Bolzen	1
2	Hülse	1
3	Kugel	1
4	Federring	1
5	Schiebehülse	1

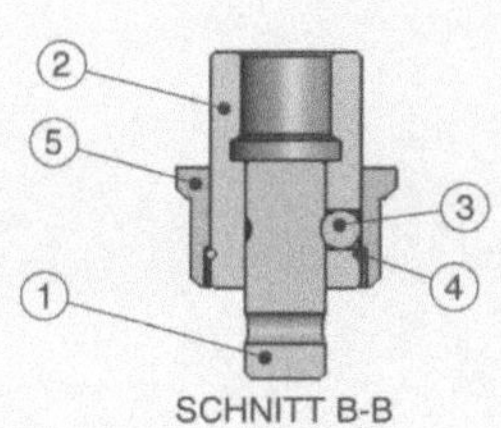

SCHNITT B-B

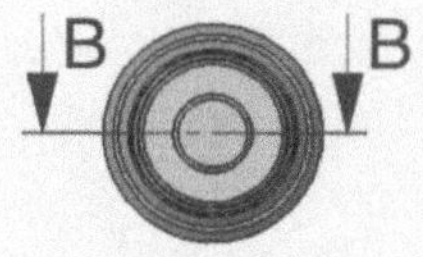

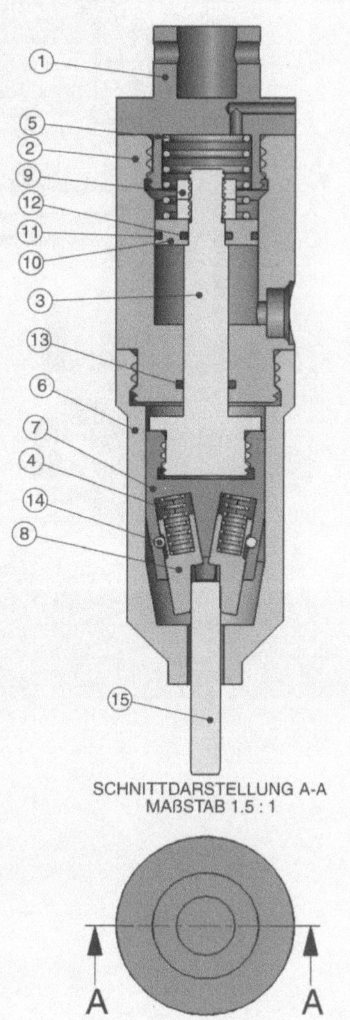

SCHNITTDARSTELLUNG A-A
MAßSTAB 1.5 : 1

Transferstation zum Aufpressen von Buchsen und Kugellagern

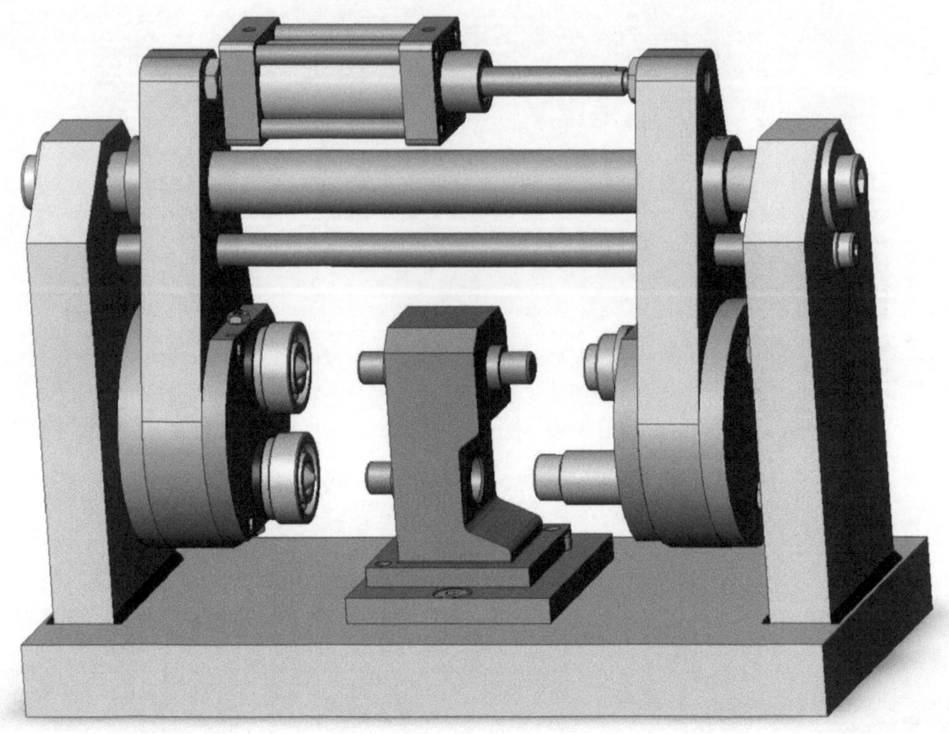

Transferstation zum Aufpressen von Buchsen und Kugellagern mit Stückliste

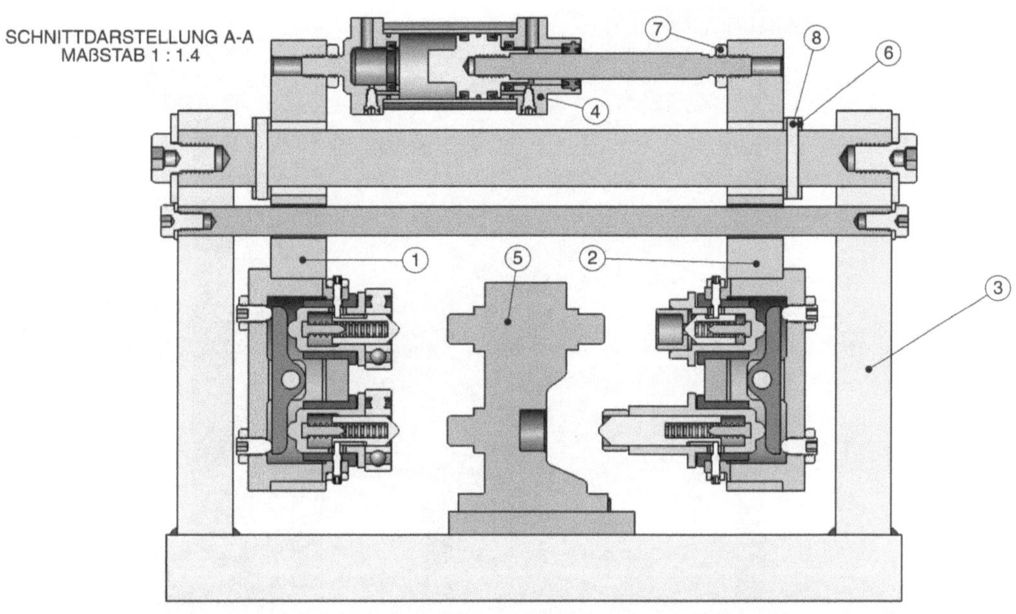

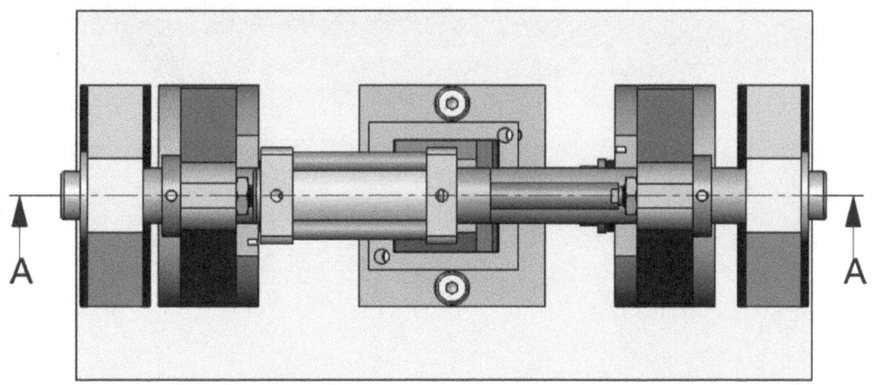

POS-NR.	BENENNUNG	BESCHREIBUNG	MENGE
1	Zsb. Einpressvorricht f Kugell		1
2	Zsb. Einpressvorricht f Lagerb		1
3	Zsb. Gestell f Montagev		1
4	Festo DNU Hub = 50		1
5	Werkstück		1
6	Anschlagring		2
7	Hexagon Thin Nut ISO - 4035 - M6 - N		2
8	Parallel Pin ISO 8734 - 3 x 22 - A - St		2

Kassette A für Druckgießwerkzeug

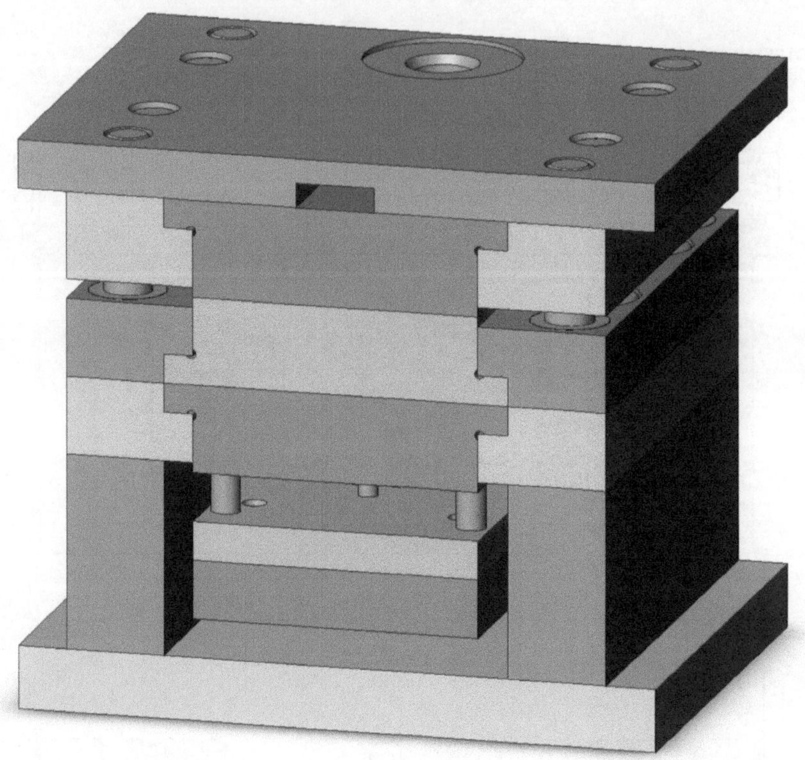

Kassette A für Druckgießwerkzeug mit Stückliste

Schnellwechselsystem "A"
Typ Kassette

Bild 17

POS-NR.	BENENNUNG	MENGE
1	Kopfplatte f Kasett	1
2	Führungsbolze	4
3	Leiste 1 f Kopfp	1
4	Leiste 2 f Kopf	1
5	Formplatte oben	1
6	Grundplatte f Kassettenunterte	1
7	Leiste unten f Untertei	2
8	Führungsl-Untert u	1
9	Führungsl-Untert o	1
10	Führungsbuchse un	4
11	Führungsbuchse f Untertei	4
12	Formplatte unten	1
13	Führungsstpopfen u	2
14	Stempelführung	1
15	Führungsstpopfen o	2
16	Aufnahmep f Stempelpl	1
17	Stempelaufnahme	1
18	Führungsstempel	4
19	Lochstempel	11
20	Deckel f Aufnp-Stempl	1
21	Unterlegscheibe	3
22	DIN 7984 - M5 x 10 --- 7.6S	4
23	DIN 7984 - M3 x 6 --- 6S	4
24	ISO 7046-1 - M2 x 4 - Z --- 4S	3
25	DIN 6912 - M5 x 20 --- 15.8S	4
26	DIN 7984 - M5 x 10 --- 10S	7
27	DIN 912 M2.5 x 10 --- 10S	2
28	Zsb Zugschraube	1

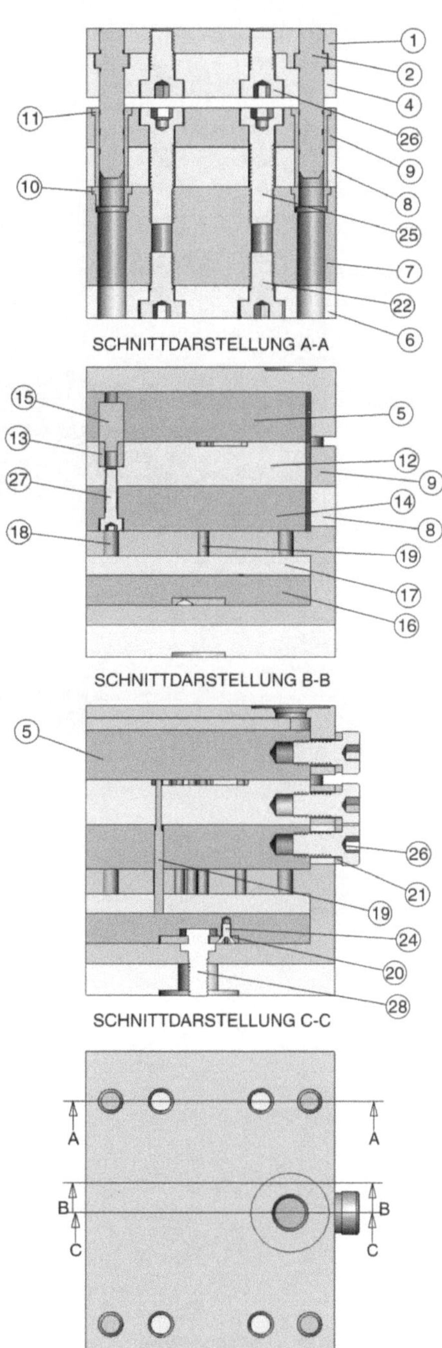

Kassette B für Druckgießwerkzeug

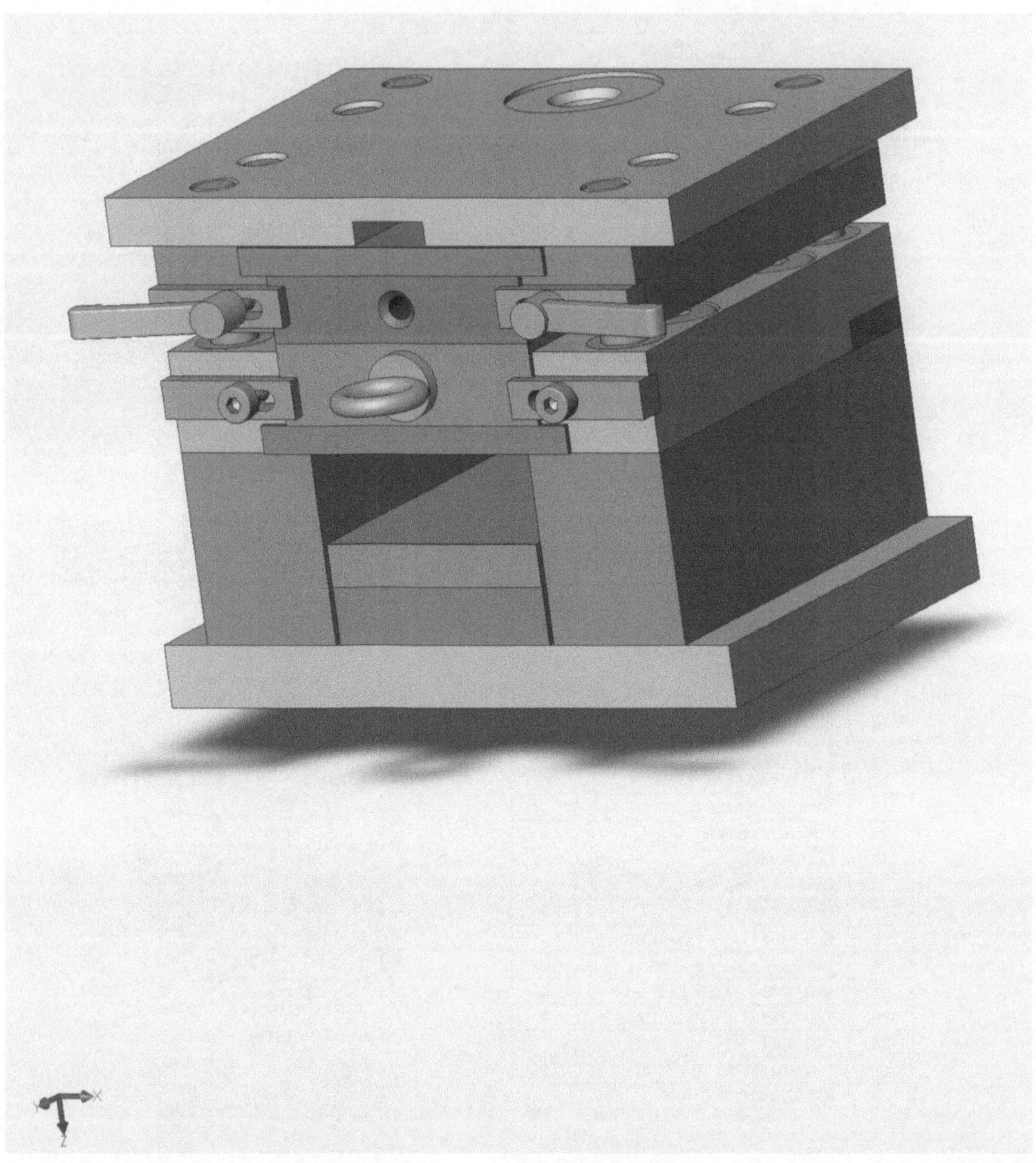

Kassette B für Druckgießwerkzeug mit Stückliste

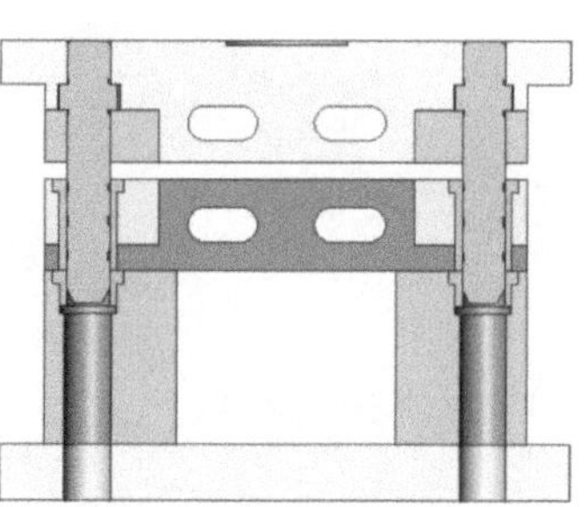

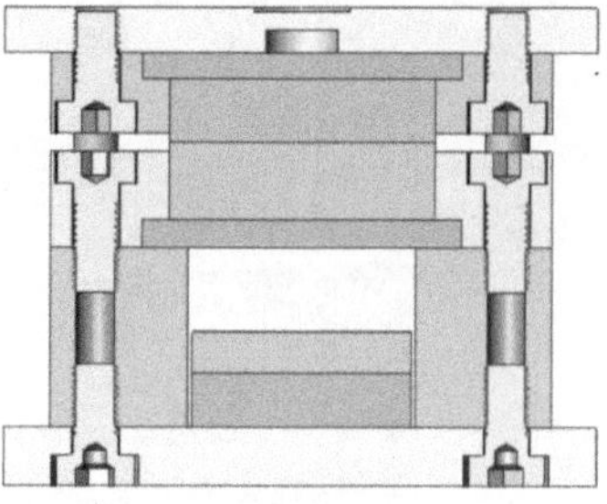

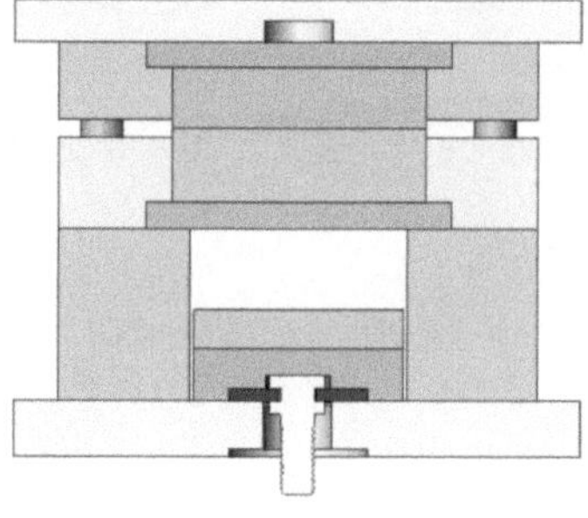

POS-NR.	BENENNUNG	MENGE
1	Zsb Zugschraube	1
2	Zsb.Transportring	1
3	Zsb. Spannschraube	2
4	Grundplatte f Kassettenunterteil	1
5	Leiste unten f Unterteil	2
6	Anschlagleiste f Unterteil	1
7	Leiste 2 f Unterteil	1
8	Führungsbuchse f Unterteil	4
9	Leiste 1 f Unterteil	1
10	Führungsbuchse u	4
11	Aufnahmep f Stempelp	1
12	Deckel f Aufnp-Stemp	1
13	Stempelp	1
14	Führung f Formp o	2
15	Formplatte unten	1
16	Spannklaue	4
17	Leiste 1 f Kopfp	1
18	Führungsbolzen	4
19	Kopfplatte f Kasette	1
20	Leiste 2 f Kopfp	1
21	Formplatte oben	1
22	DIN 6912 - M5 x 10 --- 10S	4
23	DIN 7984 - M5 x 12 --- 9.6S	4
24	DIN 7984 - M3 x 6 --- 6S	4
25	ISO 7046-1 - M2.5 x 4 - Z --- 4S	3
26	DIN 7984 - M4 x 8 --- 5.9S	4
27	DIN 7984 - M4 x 6 --- 6S	4
28	DIN 7984 - M5 x 10 --- 7.6S	4
29	DIN 912 M2 x 6 --- 6S	2

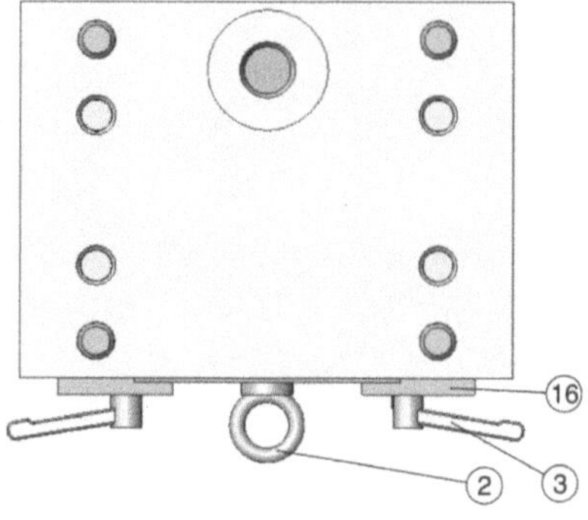

Spritzgießwerkzeug

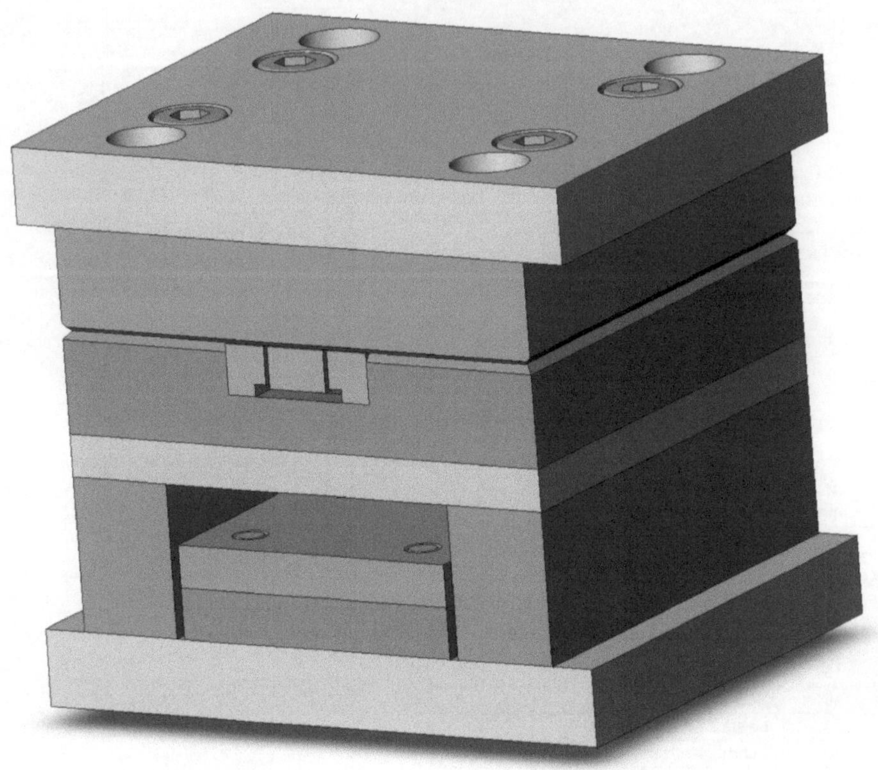

Spritzgießwerkzeug mit Stückliste

POS-NR.	BENENNUNG	MENGE
1	Kopfplatte	1
2	Führungssäule	4
3	Formplatte ob	1
4	Formplatte un	1
5	Führungsbuchse	4
6	Stempelführungsp	1
7	Leiste	2
8	Grundplatte	1
9	Führungleiste	4
10	Schieber	2
11	Schrästift	2
12	Schliessflächeneinsatz	2
13	Bolzen f Verriegelung	2
14	Feder f Verriegelung	2
15	Ausstosser-Kopfplatte	1
16	Ausstosser-Aufnahme	1
17	Zugschraube	1
18	Auswerferstempel	2
19	DIN 6912 - M5 x 12 --- 7.8S	4
20	DIN 6912 - M5 x 35 --- 16S	4
21	DIN 912 M2 x 6 --- 6S	8
22	Parallel Pin ISO 8734 - 2 x 8 - B - St	8
23	Parallel Pin ISO 8734 - 1 x 6 - B - St	4
24	DIN 912 M1.6 x 5 --- 5S	2
25	DIN 7984 - M4 x 8 --- 5.9S	4

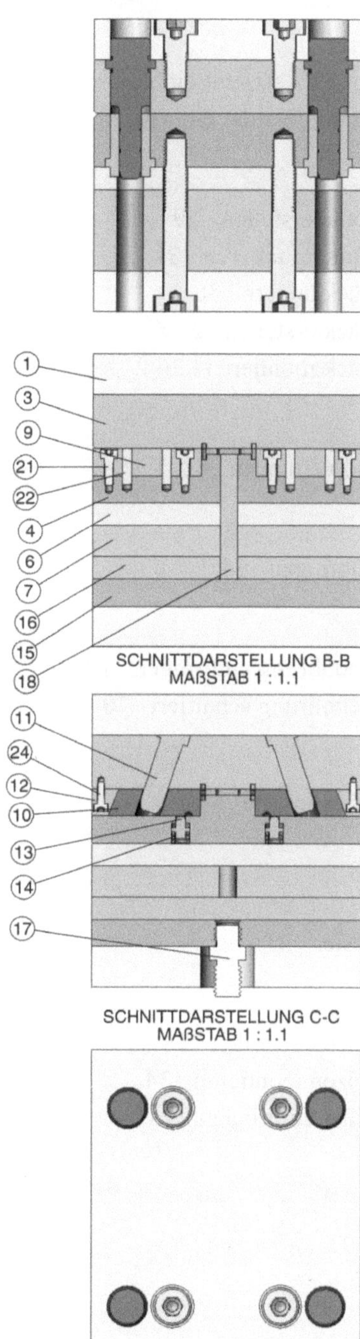

Stichwortverzeichnis